vivi的理想生活◎编著

vlog
视频拍摄
5项全能

脚本策划+运镜方法+剪映剪辑
+引流吸粉+运营获利

北京大学出版社
PEKING UNIVERSITY PRESS

内 容 提 要

　　Vlog，全称是Video Blog或Video Log，意思是视频博客或视频记录。随着网络技术的进步和影像拍摄设备的更新，Vlog受到大量年轻人的青睐，并快速渗透到了兴趣电商、直播电商、内容电商和营销宣传等领域。

　　本书共分12章，内容包括Vlog的拍摄脚本、文案策划、拍摄技巧、基本运镜、组合运镜、视频剪辑、配音配乐、添加字幕、吸粉渠道、引流优化、账号运营和商业变现等。本书通过案例讲解的形式，帮助读者全方位了解Vlog创作的全过程，并轻松玩转Vlog。

　　本书内容简洁，语言通俗易懂，适合所有零基础、喜爱Vlog的读者，以及抖音、快手、B站、微信视频号和小红书等视频平台的资深用户阅读。同时，本书也可以作为相关院校的Vlog、新媒体、数字艺术等专业的培训教材。

图书在版编目(CIP)数据

　　Vlog视频拍摄5项全能：脚本策划+运镜方法+剪映剪辑+引流吸粉+运营获利 / vivi的理想生活编著. — 北京：北京大学出版社，2023.3

　　ISBN 978-7-301-33670-0

　　Ⅰ.①V… Ⅱ.①v… Ⅲ.①视频制作②网络营销 Ⅳ.①TN948.4②F713.365.2

　　中国版本图书馆CIP数据核字（2022）第253777号

书　　　名	Vlog视频拍摄5项全能：脚本策划+运镜方法+剪映剪辑+引流吸粉+运营获利
	V LOG SHIPIN PAISHE 5 XIANG QUANNENG: JIAOBEN CEHUA+YUNJING FANGFA+JIANYING JIANJI+YINLIU XIFEN+YUNYING HUOLI
著作责任者	vivi的理想生活　编著
责 任 编 辑	王继伟　吴秀川
标 准 书 号	ISBN 978-7-301-33670-0
出 版 发 行	北京大学出版社
地　　　址	北京市海淀区成府路205 号　　100871
网　　　址	http://www.pup.cn　　　新浪微博:@北京大学出版社
电 子 邮 箱	编辑部 pup7@pup.cn　　总编室 zpup@pup.cn
电　　　话	邮购部 010-62752015　发行部 010-62750672　编辑部 010-62570390
印 刷 者	北京宏伟双华印刷有限公司
经 销 者	新华书店
	720毫米×1020毫米　16开本　11.5印张　242千字
	2023年3月第1版　2023年12月第2次印刷
印　　　数	4001-6000册
定　　　价	79.00元

前言

在信息和科技高速发展的今天，人们对电子产品的依赖性越来越高。随着 5G 基础设备的进步与完善，短视频行业发展迅猛，出现了各大短视频平台，也让用户的娱乐方式和职业有了更多的选择。

短视频是现在最热潮的娱乐方式之一，而 Vlog 则是短视频中最常见的内容形式之一。我们可以在各大平台上传 Vlog，跟有同样爱好的网友互动交流；我们可以在平台上刷到许多自己喜欢但从未触及过的领域，看一些"达人"的精彩表现；我们可以从这些 Vlog 中学到许多实用的小知识，有助于之后能够得心应手地处理事情；我们可以从 Vlog 中知晓最近的热门话题，了解国家、社会的近况，以及一些娱乐新闻等。

这些都是我们可以从 Vlog 中获取到的事物，抛开意义，我们看到的更多是 Vlog 的崛起以及背后的商机。

很多人在毕业之后就从事了与 Vlog 相关的工作，他们想上传令更多人喜爱的 Vlog，可是在真正上手之后却发现这并不是一件易事。从开始准备 Vlog，到拍摄、剪辑、后期运营等，缺一不可，同时每一步又需要相对专业的知识。

基于这些问题，本书将从脚本策划、运镜方法、剪映剪辑、引流吸粉和运营获利这 5 个方面来介绍 Vlog，帮助 Vlog 爱好者从零开始了解并掌握 Vlog 背后的一系列流程和相关知识、技巧。

本书的特色主要体现在 3 个方面，具体如下。

（1）全面性。本书从 Vlog 的 5 个方面入手进行讲解，共包括 12 章内容，不仅有 Vlog 的前期准备和中期剪辑工作，还有后期运营和变现的知识，希望能给读者提供一定的帮助。

（2）实用性。本书使用了"图片 + 文字 + 视频"的展现形式，在 Vlog 视频剪辑和制作的章节中更是有详细的操作步骤，能够帮助读者快速上手，熟练掌握 Vlog 视频的相关知识。

（3）通俗性。本书没有生僻词，语言通俗易懂、简洁明了，而且带有中英文注释，便于读者理解文意，很适合刚涉足 Vlog 视频制作的读者。

读者可以用微信扫一扫下方二维码，关注官方微信公众号，输入本书 77 页的资源下载码，根据提示获取随书附赠的超值资料包的下载地址及密码。

"博雅读书社"
微信公众号

本书由 vivi 的理想生活编著，参与编写的人员还有刘芳芳，在此表示感谢。由于作者知识水平有限，书中难免有错误和疏漏之处，恳请广大读者批评、指正，沟通和交流请联系微信：2633228153。

编　者

2022 年 9 月

目录

第四篇　引流吸粉篇

第一篇
脚本策划篇

第 1 章　拍摄脚本：轻松打造爆款 Vlog

对于 Vlog 来说，脚本的作用与电影剧本类似，不仅可以确定故事的发展方向，还可以提高 Vlog 拍摄的效率和质量，同时可以指导 Vlog 的后期剪辑。本章主要介绍 Vlog 脚本的创作方法和思路。

1.1　Vlog 脚本创作基础

在很多人眼中，Vlog（Video Log 或 Video Blog，视频日志、视频记录、视频博客）似乎比电影还好看，很多 Vlog 不仅画面和 BGM（Background Music，背景音乐）劲爆、转折巧妙，而且剧情不拖泥带水，能够让人"流连忘返"。

而这些精彩的 Vlog，都是靠 Vlog 脚本来承载的。脚本是整个 Vlog 内容的大纲，对于剧情的发展与走向有决定性的作用。因此，写好 Vlog 的脚本，可以让 Vlog 的内容更加优质，这样才有更多机会上热门并受到更多人欢迎。

1.1.1　Vlog 脚本的基本内容

脚本是拍摄 Vlog 的主要依据，用于统筹安排拍摄 Vlog 过程中的所有事项，如什么时候拍、用什么设备拍、拍什么背景、拍谁及怎么拍等。表 1-1 所示为一个简单的 Vlog 脚本模板。

表 1-1　一个简单的 Vlog 脚本模板

镜号	景别	运镜	画面	设备	备注
1	远景	固定镜头	站在远处拍摄城市的傍晚	手机广角镜头	片头
2	全景	跟随运镜	拍摄车流和行人的情况	手持稳定器	慢镜头
3	近景	上升运镜	从一群人拍到具体某个人	手持拍摄	近景
4	特写	固定镜头	人物脸上露出开心的表情	三脚架	特写
5	中景	跟随运镜	拍摄人物过人行道的画面	手持稳定器	近景
6	全景	固定镜头	拍摄人物与朋友见面问候的场景	三脚架	全景

续表

镜号	景别	运镜	画面	设备	备注
7	近景	特写镜头	拍摄两个人一起行走的温馨画面	三脚架	近景
8	远景	固定镜头	拍摄两个人走向远处的画面	三脚架	片尾

在创作一段 Vlog 的过程中，所有参与前期拍摄和后期剪辑的人员都需要遵从脚本的安排，包括摄影师、演员、道具师、化妆师和剪辑师等。如果 Vlog 没有脚本，就很容易出现各种问题，如拍到一半发现场景不合适，或者没准备好道具，又或是演员少了，这些都需要花费大量时间和资金去重新安排和准备。这样不仅会浪费时间和金钱，而且很难做出想要的 Vlog 效果。

1.1.2　Vlog 脚本的 2 大作用

Vlog 脚本一方面用于指导所有参与 Vlog 创作的工作人员的行为，从而提高工作效率，另一方面可以保证 Vlog 的质量。图 1-1 所示为 Vlog 脚本的两大作用。

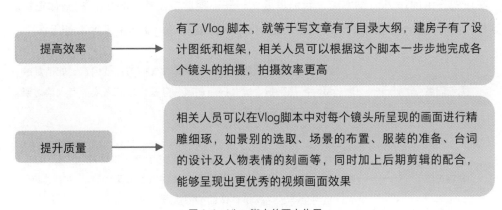

图 1-1　Vlog 脚本的两大作用

1.1.3　Vlog 脚本的 3 种类型

Vlog 的时长没有要求，但只要足够用心，精心设计 Vlog 的脚本和每一个镜头画面，让 Vlog 的内容更加优质，就能获得更多上热门的机会。Vlog 脚本一般分为分镜头脚本、拍摄提纲和文学脚本 3 种，如图 1-2 所示。

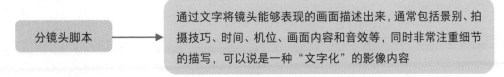

图 1-2　Vlog 的脚本类型

3

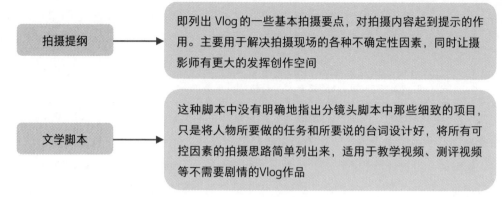

拍摄提纲 → 即列出 Vlog 的一些基本拍摄要点，对拍摄内容起到提示的作用。主要用于解决拍摄现场的各种不确定性因素，同时让摄影师有更大的发挥创作空间

文学脚本 → 这种脚本中没有明确地指出分镜头脚本中那些细致的项目，只是将人物所要做的任务和所要说的台词设计好，将所有可控因素的拍摄思路简单列出来，适用于教学视频、测评视频等不需要剧情的 Vlog 作品

图 1-2　Vlog 的脚本类型（续）

　　综上，分镜头脚本适用于剧情类的 Vlog，拍摄提纲适用于访谈类或资讯类的 Vlog，文学脚本则适用于没有剧情的 Vlog。

1.1.4　编写 Vlog 脚本的 6 个前期准备工作

　　在正式开始创作 Vlog 脚本前，我们需要做一些前期准备工作，将 Vlog 的整体拍摄思路确定好，同时制定一个基本的创作流程。图 1-3 所示为编写 Vlog 脚本的前期准备工作。

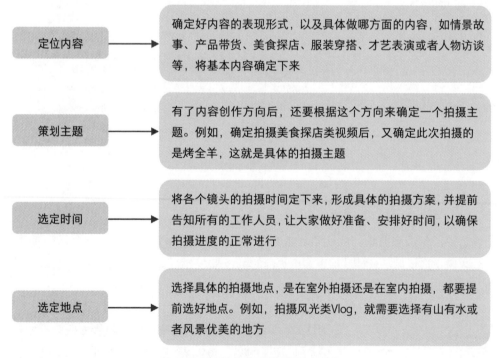

定位内容 → 确定好内容的表现形式，以及具体做哪方面的内容，如情景故事、产品带货、美食探店、服装穿搭、才艺表演或者人物访谈等，将基本内容确定下来

策划主题 → 有了内容创作方向后，还要根据这个方向来确定一个拍摄主题。例如，确定拍摄美食探店类视频后，又确定此次拍摄的是烤全羊，这就是具体的拍摄主题

选定时间 → 将各个镜头的拍摄时间定下来，形成具体的拍摄方案，并提前告知所有的工作人员，让大家做好准备、安排好时间，以确保拍摄进度的正常进行

选定地点 → 选择具体的拍摄地点，是在室外拍摄还是在室内拍摄，都要提前选好地点。例如，拍摄风光类 Vlog，就需要选择有山有水或者风景优美的地方

图 1-3　编写 Vlog 脚本的前期准备工作

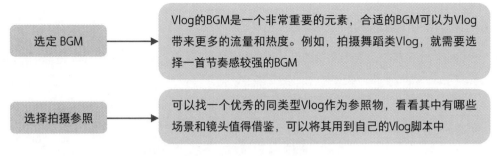

图 1-3　编写 Vlog 脚本的前期准备工作（续）

1.1.5　Vlog 脚本的 6 个要素

在 Vlog 脚本中，我们需要认真设计每一个镜头。下面我们主要从 6 个基本要素入手来介绍 Vlog 脚本的策划，如图 1-4 所示。

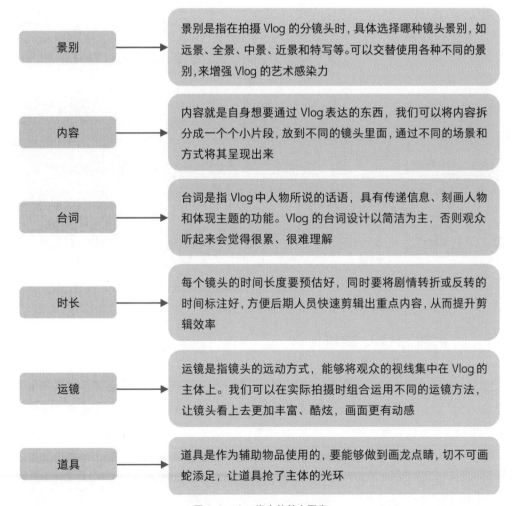

图 1-4　Vlog 脚本的基本要素

1.1.6 编写 Vlog 脚本的 7 个步骤

在编写 Vlog 脚本时，我们需要遵循化繁为简的形式规则，同时需要确保内容的丰富度和完整性。图 1-5 所示为 Vlog 脚本的基本编写流程。

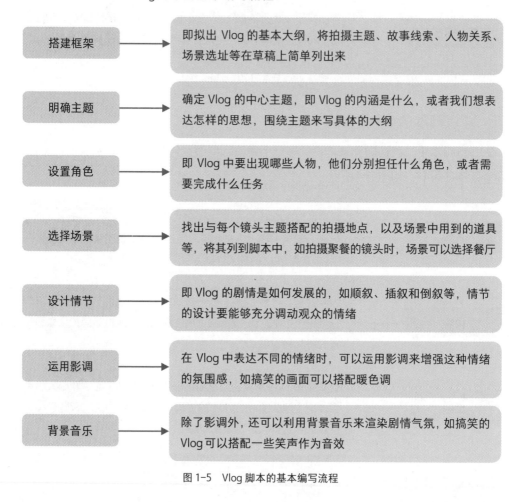

图 1-5 Vlog 脚本的基本编写流程

1.2 Vlog 脚本优化解析

脚本是 Vlog 立足的根基。当然，Vlog 脚本不同于微电影或电视剧的剧本，尤其是用手机拍摄的 Vlog，我们不用写太多复杂的镜头景别，而应该多安排一些反转、反差或充满悬疑的情节，来激发观众的兴趣。

同时，Vlog 节奏很快，信息点很密集，因此每个镜头的内容都要在脚本中交代清楚。本节主要介绍 Vlog 脚本的 5 个优化技巧，以帮助大家写出更优质的脚本。

1.2.1　让 Vlog 符合观众的喜好

要想拍出真正优质的 Vlog 作品，我们需要站在观众的角度思考脚本内容。比如，我们要分析观众喜欢看什么，当前哪些内容比较受观众欢迎，如何拍摄才能让观众看着更有感觉等。

显而易见，在 Vlog 领域，内容比技术更加重要，即便拍摄场景、服装和道具简陋，但只要内容足够吸引观众，我们的 Vlog 就能火。

技术是可以慢慢练习的，但内容却需要有一定的创作灵感。例如，抖音上充斥着各种"五毛特效"，但他们精心设计的内容，仍然获得了观众的喜爱，至少可以认为他们比较懂观众的"心"。

例如，图 1-6 所示的 Vlog 中使用了非常热门的"特效变身"效果，画面非常精致，而且特效也非常契合。应用动漫效果后呈现出来的画面像是特意定制的一样，独一无二。另外，画面中的环境，人物的衣着及动作都还原了真实场景，特效也用得恰到好处。

图 1-6　"特效变身"效果

1.2.2　提高 Vlog 的画面美感

Vlog 的拍摄和摄影类似，都非常注重美感，审美决定了作品高度。如今，各种智能手机的摄影功能越来越强大，进一步降低了 Vlog 的拍摄门槛，不管是谁，只要拿起手机就能拍摄 Vlog。

另外，各种剪辑软件也越来越智能化，不管拍摄的画面多么粗制滥造，经过后期剪辑处理，都能变得很好看，就像抖音上神奇的"化妆术"一样。例如，剪映 App 中的"一键成片"功能就内置了很多模板和效果，我们只需要导入拍好的视频或照片素材，即可轻松做出同款

Vlog 效果，如图 1-7 所示。

　　也就是说，Vlog 的技术门槛越来越低，普通人也可以轻松创作和发布 Vlog 作品。但是，每个人的审美是不一样的，Vlog 的艺术审美和强烈的画面感都是加分项。

　　我们不仅需要保证视频画面的稳定性和清晰度，还需要突出主体。我们可以组合运用各种景别、构图方式、运镜方式，并结合快镜头和慢镜头，来增强视频画面的运动感、层次感和表现力。总之，要形成好的审美，我们需要多思考、多琢磨、多模仿、多学习、多总结、多尝试、多实践、多拍摄。

图 1-7　剪映 App 的"一键成片"功能

1.2.3　增强 Vlog 情节的冲突性

　　在策划 Vlog 的脚本时，我们可以设计一些反差感强烈的转折场景。通过这种落差，能够形成十分明显的对比效果，为 Vlog 带来新意，同时也能够为观众带来更多笑点或更多触动。

　　创作 Vlog 的灵感，除了源于自身的创意想法外，我们也可以多收集一些热梗，这些热梗通常自带流量和话题属性，能够吸引大量观众的点赞。我们可以将 Vlog 的点赞量、评论量和转发量作为筛选依据，找到并收藏抖音、快手等视频平台上的热门视频，然后进行模仿、跟拍和创新，打造属于自己的优质 Vlog 作品。

　　Vlog 中的冲突和转折能够让观众产生惊喜感，同时能够加深观众对剧情的印象，刺激观众点赞和转发。图 1-8 所示为笔者总结的在 Vlog 中设置冲突和转折的相关技巧，供大家参考。

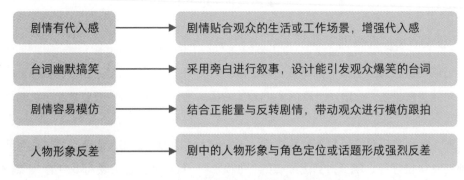

剧情有代入感	→	剧情贴合观众的生活或工作场景，增强代入感
台词幽默搞笑	→	采用旁白进行叙事，设计能引发观众爆笑的台词
剧情容易模仿	→	结合正能量与反转剧情，带动观众进行模仿跟拍
人物形象反差	→	剧中的人物形象与角色定位或话题形成强烈反差

图 1-8　在 Vlog 中设置冲突和转折的相关技巧

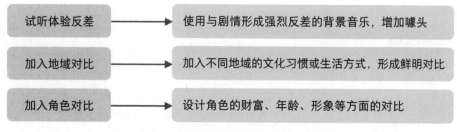

图 1-8　在 Vlog 中设置冲突和转折的相关技巧（续）

1.2.4　重视 Vlog 脚本内容的改编与创新

如果我们在策划 Vlog 的脚本时，很难找到创意，那么可以翻拍和改编一些经典的影视作品。我们在寻找翻拍素材时，可以去豆瓣平台上搜索各类影视剧排行榜（见图 1-9），将评分和热度排名靠前的都列出来，然后从中搜寻经典的片段。这些经典片段中的某个画面、道具、台词等内容，我们都可以将其用到自己的 Vlog 中。

图 1-9　豆瓣影视剧排行榜

1.2.5　Vlog 脚本的 8 种常用内容形式

对于 Vlog 新手来说，账号定位和后期剪辑都不是难点，最让他们头疼的往往是脚本策划。有时候一个优质的脚本即可快速将一条 Vlog 推上热门。那么，什么样的脚本才能让 Vlog 上热门，并获得更多人的点赞呢？图 1-10 所示为一些优质 Vlog 脚本的常用内容形式。

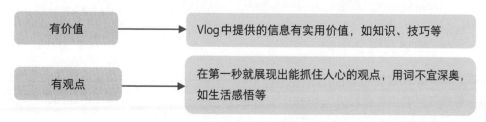

图 1-10　优质 Vlog 脚本的常用内容形式

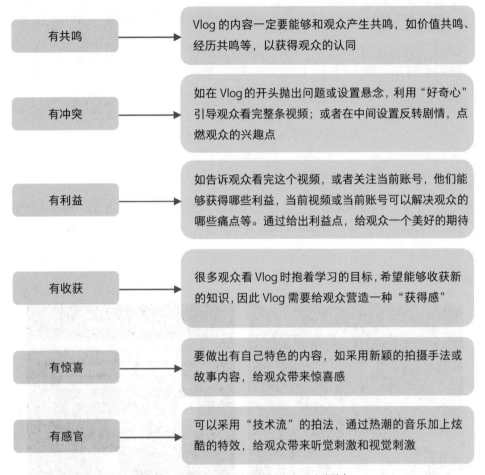

有共鸣 → Vlog 的内容一定要能够和观众产生共鸣，如价值共鸣、经历共鸣等，以获得观众的认同

有冲突 → 如在 Vlog 的开头抛出问题或设置悬念，利用 "好奇心" 引导观众看完整条视频；或者在中间设置反转剧情，点燃观众的兴趣点

有利益 → 如告诉观众看完这个视频，或者关注当前账号，他们能够获得哪些利益，当前视频或当前账号可以解决观众的哪些痛点等。通过给出利益点，给观众一个美好的期待

有收获 → 很多观众看 Vlog 时抱着学习的目标，希望能够收获新的知识，因此 Vlog 需要给观众营造一种 "获得感"

有惊喜 → 要做出有自己特色的内容，如采用新颖的拍摄手法或故事内容，给观众带来惊喜感

有感官 → 可以采用 "技术流" 的拍法，通过热潮的音乐加上炫酷的特效，给观众带来听觉刺激和视觉刺激

图 1-10　优质 Vlog 脚本的常用内容形式（续）

1.3　Vlog 脚本镜头语言解析

如今，Vlog 已经形成了一条完整的商业产业链，越来越多的企业、机构开始用 Vlog 进行宣传推广，因此 Vlog 的脚本创作也越来越重要。

要想写出优质的 Vlog 脚本，我们还需要掌握 Vlog 的镜头语言，这是一种比较专业的拍摄手法，是 Vlog 行业中的高级玩家和专业玩家必须掌握的技能。

1.3.1　Vlog 的专业镜头术语

对于普通的 Vlog 玩家来说，通常都是凭感觉拍摄和制作 Vlog 作品，这样显然是事倍功半的。要知道，很多专业的 Vlog 机构，他们制作一条 Vlog 通常只有很少的时间。在这种情况下，他们就是通过镜头语言来提升效率的。

镜头语言也称镜头术语，常用的Vlog镜头术语有景别、运镜、构图、用光、转场、时长、关键帧、蒙太奇、定格和闪回等，这些也是Vlog脚本中的重要元素，相关介绍如图1-11所示。

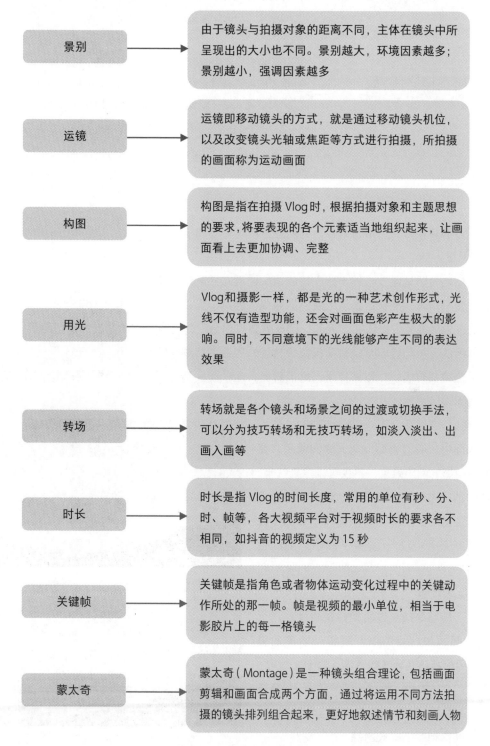

景别　由于镜头与拍摄对象的距离不同，主体在镜头中所呈现出的大小也不同。景别越大，环境因素越多；景别越小，强调因素越多

运镜　运镜即移动镜头的方式，就是通过移动镜头机位，以及改变镜头光轴或焦距等方式进行拍摄，所拍摄的画面称为运动画面

构图　构图是指在拍摄 Vlog 时，根据拍摄对象和主题思想的要求，将要表现的各个元素适当地组织起来，让画面看上去更加协调、完整

用光　Vlog和摄影一样，都是光的一种艺术创作形式，光线不仅有造型功能，还会对画面色彩产生极大的影响。同时，不同意境下的光线能够产生不同的表达效果

转场　转场就是各个镜头和场景之间的过渡或切换手法，可以分为技巧转场和无技巧转场，如淡入淡出、出画入画等

时长　时长是指 Vlog 的时间长度，常用的单位有秒、分、时、帧等，各大视频平台对于视频时长的要求各不相同，如抖音的视频定义为 15 秒

关键帧　关键帧是指角色或者物体运动变化过程中的关键动作所处的那一帧。帧是视频的最小单位，相当于电影胶片上的每一格镜头

蒙太奇　蒙太奇（Montage）是一种镜头组合理论，包括画面剪辑和画面合成两个方面，通过将运用不同方法拍摄的镜头排列组合起来，更好地叙述情节和刻画人物

图 1-11　专业的 Vlog 镜头术语

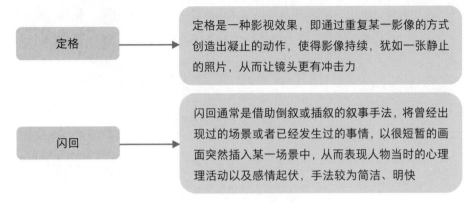

图 1-11　专业的 Vlog 镜头术语（续）

1.3.2　Vlog 中的转场方式

Vlog 的转场方式通常有两种，分别是无技巧转场和技巧转场。

1. 无技巧转场

无技巧转场是通过一种十分自然的镜头过渡方式来连接两个场景的，整个过渡过程看上去非常合乎情理，能够达到承上启下的效果。当然，无技巧转场并非完全没有技巧，它是利用人的视觉转换来安排镜头切换的，因此需要找到合理的转换因素和适当的造型因素。

常用的无技巧转场方式有两极镜头转场、同景别转场、特写转场、声音转场、空镜头转场、封挡镜头转场、相似体转场、地点转场、运动镜头转场、同一主体转场、主观镜头转场和逻辑因素转场等。

例如，空镜头（又称"景物镜头"）转场是指画面中只有景物而没有人物的镜头，具有非常明显的间隔效果，不仅可以渲染气氛、抒发感情、推进故事情节和刻画人物的心理状态，还能够交代时间、地点和季节的变化等。图 1-12 所示为一段用于描述环境的空镜头。

2. 技巧转场

技巧转场是指通过后期剪辑软件在两个片段中间添加转场特效，来实现场景的转换。常用的技巧转场方式有淡入淡出、缓淡 - 减慢、闪白 - 加快、划像（二维动画）、翻转（三维动画）、叠化、遮罩、幻灯片、特效、运镜、模糊和多画屏分割等。

图 1-12　一段用于描述环境的空镜头

图1-13所示的视频采用的就是幻灯片中的"立方体"转场效果，能够让视频画面像立方体一样切换到下一场景。

图 1-13　幻灯片中的"立方体"转场效果

1.3.3　"起幅"与"落幅"的设置

"起幅"与"落幅"是拍摄运动镜头时非常重要的两个术语，在后期制作中可以发挥很大的作用，相关介绍如图1-14所示。

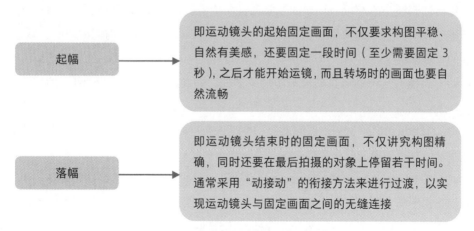

起幅 → 即运动镜头的起始固定画面，不仅要求构图平稳、自然有美感，还要固定一段时间（至少需要固定 3 秒），之后才能开始运镜，而且转场时的画面也要自然流畅

落幅 → 即运动镜头结束时的固定画面，不仅讲究构图精确，同时还要在最后拍摄的对象上停留若干时间。通常采用"动接动"的衔接方法来进行过渡，以实现运动镜头与固定画面之间的无缝连接

图 1-14　"起幅"与"落幅"的相关介绍

"起幅"与"落幅"的固定画面可以用来强调Vlog中要重点表达的对象或主题，而且可以单独作为固定镜头使用。

图 1-15 所示的 Vlog 片段中采用的是摇移的运镜方式，"起幅"的镜头为人物主体，随着人物的视线，镜头也跟随摇动，"落幅"的镜头为人物眼睛望向的河水对岸的风景。

❶ "起幅"的镜头

❷ 摇移运镜的过程

❸ "落幅"的镜头

图 1-15 "起幅"与"落幅"的视频案例

1.3.4 长镜头与延时摄影的玩法

节奏会受到镜头的长度、场景的变换和镜头中的影像活动等因素的影响。通常情况下，镜头节奏越快，则视频的剪辑率越高，镜头越短。剪辑率是指单位时间内镜头个数的多少，由镜头的长短来决定。

例如，长镜头是一种典型的慢节奏镜头形式，而延时摄影则是一种典型的快节奏镜头形式。

长镜头（Long Take）也称一镜到底、不中断镜头或长时间镜头，是一种与蒙太奇相对应的拍摄手法，是指拍摄的开机点与关机点的时间距离较长。

延时摄影（Time-Lapse Photography）也称延时技术、缩时摄影或缩时录影，是一种压缩时间的拍摄手法。它能够将大量的时间进行压缩，将几个小时、几天，甚至几个月中的变化过程，通过极短的时间展现出来，如几秒或几分钟。因此镜头节奏非常快，能够给观众呈现出一种强烈与震撼的视频效果，如图 1-16 所示。

图 1-16　采用延时技术拍摄的 Vlog

1.3.5　利用多机位拍摄切换镜头

多机位拍摄是指使用多个拍摄设备，从不同的角度和方位拍摄同一场景，适合规模宏大或角色较多的拍摄场景，如访谈类、杂志类、演示类、谈话类及综艺类等视频类型。

图 1-17 所示为一种谈话类视频的多机位设置图，共安排了 7 台拍摄设备。1、2、3 号机用于拍摄主体人物，其中 1 号机（带有提词器）重点拍摄主持人；4 号机安排在后排观众的背面，用于拍全景、中景或中近景；5 号机和 6 号机安排在嘉宾的背面，需要用摇臂将其架高一些，用于拍摄观众的反应；7 号机则专门用于拍观众。

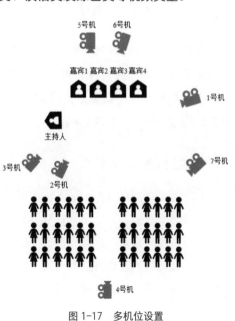

图 1-17　多机位设置

多机位拍摄可以通过各种景别镜头的切换，让视频画面更加生动、更有看点。另外，如果某个机位的画面有失误或瑕疵，也可以用其他机位来弥补。通过不同的机位来回切换镜头，观众不容易产生视觉疲劳，从而可以保持更高的关注度。

第**2**章 文案策划：更吸睛的爆款标题模板

许多观众在看 Vlog 时，首先注意到的可能就是它的标题。由此可见，一个 Vlog 的标题，将对 Vlog 的相关数据造成很大的影响。那么，如何写出优质的 Vlog 标题呢？笔者认为 Vlog 标题的撰写应该是简单且精准的，一句话将重点内容表达出来就够了。

2.1 11种爆款标题文案模板

在运营Vlog账号的过程中，标题的重要性不言而喻，正如曾经流传的一句话所言："标题决定了80%的流量。"虽然其来源和准确性不可考证，但由其流传之广就可知，其中涉及的关于标题重要性的话题是值得重视的。本节主要介绍Vlog标题的11种文案模板，以帮助大家快速打造有吸引力的标题。

2.1.1 福利式Vlog标题

福利式的Vlog标题，是指标题中带有与"福利"相关的字眼，向观众传递一种"这个Vlog就是来送福利"的感觉，让观众自然而然地想要看完Vlog。福利式标题准确把握了观众追求利益的心理需求，观众一看到"福利"的相关字眼就会忍不住想要了解Vlog的内容。

福利式标题的表达方法有两种，一种是直接型，另一种则是间接型。虽然具体方式不同，但是效果都相差无几，如图 2-1 所示。

图 2-1 福利式标题的表达方法

值得注意的是，在撰写福利式标题的时候，无论是直接型还是间接型，都应该掌握 3 点技巧，如图 2-2 所示。

图 2-2　福利式标题的撰写技巧

福利式标题通常会给观众带来一种惊喜之感。试想，如果 Vlog 标题中或明或暗地指出含有福利，你难道不会心动吗？

福利式标题既可以吸引观众的注意力，又可以为他们带来实际的利益，可谓是一举两得。当然，我们在撰写福利式标题时也要注意，不要因为侧重福利而偏离了主题，而且最好不要使用太长的标题，以免影响 Vlog 的传播效果。

2.1.2　价值式 Vlog 标题

价值式 Vlog 标题是指向 Vlog 的观众传递一种"只要查看了该 Vlog，就可以快速掌握某些技巧或知识"的信心。

价值式标题之所以能够引起大家的注意，是因为它抓住了人们想要从 Vlog 中获取实际利益的心理。许多观众都是带着一定的目的看 Vlog 的，要么是希望 Vlog 中含有福利，如优惠、折扣；要么是希望从 Vlog 中学到一些有用的知识。在此前提下，价值式标题的魅力是不可阻挡的。

在打造价值式标题的过程中，往往会碰到这样一些问题，比如，什么样的技巧才算有价值？价值式标题应该具备哪些要素？等等。那么，价值式标题到底应该如何撰写呢？笔者将撰写此类标题的经验技巧总结为 3 点，如图 2-3 所示。

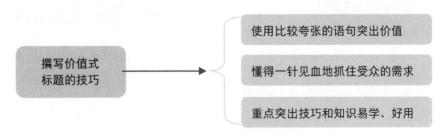

图 2-3　撰写价值式标题的技巧

值得注意的是，在撰写价值式标题时，最好不要提供虚假的信息，比如，"一分钟一定能够学会××""3 大秘诀包你做好××"等。价值式标题虽然需要添加一点夸张的成分，但要把握好尺度，要真实有效，要有底线和原则。

2.1.3 励志式 Vlog 标题

励志式 Vlog 标题显著的特点就是"现身说法"，一般是通过第一人称来讲故事。故事的内容包罗万象，但总的来说，离不开成功的方法、教训及经验等。

如今，很多人想致富，却苦于没有致富的方法和动力。如果这个时候给他们看励志、鼓舞型的 Vlog，让他们知道企业家是怎样打破枷锁走上人生巅峰的，他们就很有可能对带有这类标题的内容感到好奇。因此，这样的标题结构具有独特的吸引力。励志式标题的模板主要有两种，如图 2-4 所示。

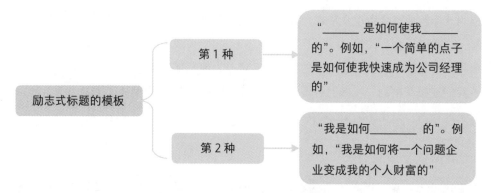

图 2-4 励志式标题的两种模板

励志式标题的好处在于煽动性强，容易制造一种鼓舞人心的感觉，勾起观众的欲望，从而提升 Vlog 的完播率。

那么，打造励志式标题是不是单单依靠模板就可以了？答案是否定的。模板固然可以借鉴，但在实际的操作中还是要根据内容的不同来写特定的标题。总的来说，励志式标题有 3 个技巧可供借鉴，如图 2-5 所示。

图 2-5 打造励志式标题时可借鉴的技巧

一个成功的励志式标题不仅能够带动观众的情绪，还能促使他们对 Vlog 产生极大的兴趣。励志式标题一方面是充分利用观众想要获得成功的心理，另一方面则是巧妙借鉴情感共鸣的方法，通过带有励志色彩的字眼来引起观众的情感共鸣，从而成功吸引他们的眼球。

2.1.4　揭露式 Vlog 标题

揭露式 Vlog 标题是指为观众揭露某件事物背后不为人知的秘密的一种标题。大部分人对未知事物会有好奇心理，而揭露式标题则是抓住观众的这种心理，给观众传递一种莫名的兴奋感，充分引起观众的兴趣。

运营者可以利用揭露式标题做一个长期的专题，从而实现一段时间内或长期凝聚 Vlog 观众的目的。另外，揭露式标题比较容易撰写，只需要掌握 3 大要点即可，如图 2-6 所示。

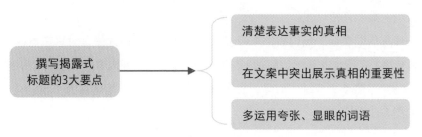

图 2-6　撰写揭露式标题的 3 大要点

在撰写揭露式标题时，最好在标题中显示出冲突性和巨大的反差，这样可以有效吸引 Vlog 观众的注意力，使他们认识到 Vlog 内容的重要性，从而愿意主动查看 Vlog 所展示的内容。

揭露式标题其实和价值式标题有不少相同点，因为二者都提供了有价值的信息，能够为 Vlog 观众带来实际的利益。当然，所有的标题形式实际上都是一样的，都带有自己的价值和特色，否则也无法吸引 Vlog 观众的注意。

2.1.5　悬念式 Vlog 标题

好奇是人的天性，悬念式 Vlog 标题就是利用人的好奇心来撰写的。标题中的悬念是一个诱饵，用于引导观众点击并查看 Vlog 的内容。因为大部分人在看到标题里有没被解答的疑问或悬念时，会忍不住去 Vlog 中寻找答案，这就是悬念式标题背后的逻辑。撰写悬念式标题的方法通常有 4 种，如图 2-7 所示。

图 2-7　撰写悬念式标题的方法

悬念式标题的主要目的是增加 Vlog 的可看性，因此需要注意的一点是，撰写这种类型的标题时，一定要确保 Vlog 的内容确实是能够让观众感到惊奇且充满悬念的，不然就会引起他们的不满。

2.1.6 热点式 Vlog 标题

热点式 Vlog 标题是指在标题上借助社会上的一些时事热点、新闻等来给 Vlog 造势，以提高 Vlog 的播放量。借用热点是一种常用的标题撰写手法，借势所带来的流量不仅是完全免费的，而且引流效果还很可观。

借势一般是借助最新的热门事件来吸引观众的眼球。一般来说，时事热点拥有一大批关注者，而且传播的范围也非常广。借助这些热点，Vlog 的标题和内容的曝光率会得到明显提高。

那么，在撰写热点式标题的时候，应该掌握哪些技巧呢？笔者认为，我们可以从 3 个方面努力，如图 2-8 所示。

图 2-8 撰写热点式标题的技巧

温馨提示

在撰写热点式标题的时候，要注意两个问题。一个是带有负面影响的热点不要蹭，在大方向上要积极向上，充满正能量，要能够带给观众正确的价值观；另一个是最好在热点式标题中加入自己的想法和创意，然后将 Vlog 内容与之相结合，做到借势和创意同步。

2.1.7 警告式 Vlog 标题

警告式 Vlog 标题常常通过发人深省的内容和严肃、深沉的语调，给观众以强烈的心理暗示，从而让 Vlog 给他们留下深刻的印象。

警告式标题是一种有力量且严肃的标题，通过标题给人以警醒作用，从而引起观众的高度注意。撰写警告式标题通常会将以下 3 种内容移植到 Vlog 标题中。

（1）警告某种事物的主要特征。

（2）警告某种事物的重要功能。

（3）警告某种事物的核心作用。

那么，警告式标题应该如何构思和撰写呢？很多人只知道警告式标题容易夺人眼球，但具体如何撰写却是一头雾水。笔者在这里分享 3 点技巧供大家参考，如图 2-9 所示。

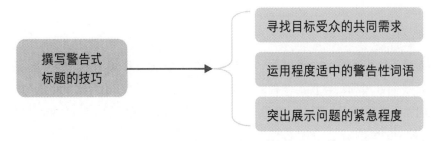

图 2-9　撰写警告式标题的技巧

在撰写警告式标题时需要注意，标题要与 Vlog 内容相匹配，因为并不是每一个 Vlog 都可以使用这种类型的标题。

警告式标题若运用得恰当，就能为 Vlog 加分，起到其他标题无法替代的作用；若运用得不当，就很容易让观众产生反感情绪或引起一些不必要的麻烦。因此，我们在撰写警告式标题时要小心谨慎，用词要恰当，绝对不能不顾内容胡乱撰写。

2.1.8　独家式 Vlog 标题

独家式 Vlog 标题是指标题中体现出的 Vlog 中所提供的内容是独有的，让观众意识到该 Vlog 值得点赞和转发。从观众的角度而言，独家式标题所蕴含的内容一般会给人一种自己率先获知而别人却不知道的感觉，因而在心理上更容易获得满足，同时也更容易转发对应的 Vlog。

独家式标题会给观众带来独一无二的荣誉感，同时还会使 Vlog 的内容更具吸引力。那么，在撰写独家式标题时，我们应该怎么做呢？是直接点明"独家资源，走过路过不要错过"，还是运用其他方法来暗示这个 Vlog 的内容是与众不同的呢？在这里，笔者总结了撰写独家式标题的 3 点技巧，如图 2-10 所示。

图 2-10　撰写独家式标题的技巧

独家式标题往往也暗示着 Vlog 内容的珍贵性。因此需要注意的是，如果标题使用的是带有独家性质的形式，就必须保证 Vlog 的内容也是独一无二的，否则很容易被观众看穿，从而导致他们反感或"脱粉"。

2.1.9　急迫式 Vlog 标题

很多人或多或少会有一点拖延症，总是需要他人催促才愿意动手去做一件事。急迫式 Vlog 标题能够给 Vlog 的观众传递一种紧张感，让他们产生"现在不看就会错过"的感觉，从而促使他们立马查看 Vlog。那么，急迫式标题具体应该如何撰写呢？笔者将相关撰写技巧总结为 3 点，如图 2-11 所示。

图 2-11　撰写急迫式标题的技巧

2.1.10　数字式 Vlog 标题

数字式 Vlog 标题是指在标题中呈现具体的数字，通过数字来概括相关 Vlog 的主题内容。数字不同于一般的文字，它会带给观众比较深刻的印象，甚至会与观众的心灵产生奇妙的碰撞。采用数字式标题有不少好处，具体体现在 3 个方面，如图 2-12 所示。

图 2-12　采用数字式标题的好处

数字式标题也很容易撰写，它是一种概括性的标题，我们只要做到图 2-13 所示的 3 点就可以快速撰写出数字式标题。

图 2-13　撰写数字式标题的技巧

此外，数字式标题还包括很多不同的类型，如时间类、年龄类等。具体来说可以分为 3 类，如图 2-14 所示。

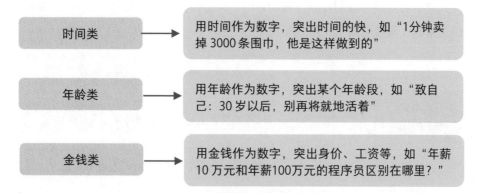

时间类 → 用时间作为数字，突出时间的快，如"1分钟卖掉 3000 条围巾，他是这样做的"

年龄类 → 用年龄作为数字，突出某个年龄段，如"致自己：30 岁以后，别再将就地活着"

金钱类 → 用金钱作为数字，突出身价、工资等，如"年薪 10 万元和年薪100万元的程序员区别在哪里？"

图 2-14　数字具化型标题的类型

数字式标题在 Vlog 中比较常见，它通常采用悬殊对比、层层递进等方式来呈现，目的是营造一个比较新奇的情景，给观众带来视觉上和心理上的冲击。

温馨提示

事实上，很多内容都可以通过具体的数字进行总结和表达，只要把想重点突出的内容提炼成数字即可。同时，还需要注意的是，在撰写数字式标题时，最好使用阿拉伯数字，并统一数字格式，且尽量把数字放在标题的前半部分，让观众能第一眼看到。

2.1.11　观点式 Vlog 标题

观点式 Vlog 标题是指以表达观点为核心的一种标题形式，一般会精准到某个人。这个人通常是名人或某个行业的精英，他说的话能够获得大家的认同。值得注意的是，这种类型的标题还会在人名的后面紧接该名人对于某件事的个人观点或看法。

观点式标题在 Vlog 中比较常见，而且使用的范围比较广泛。观点式标题的常用公式有 5 种，如图 2-15 所示。

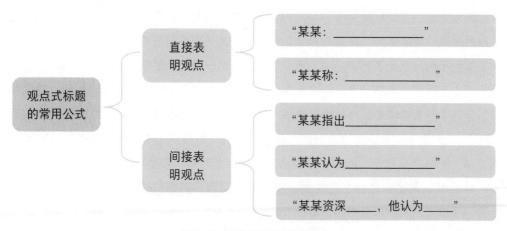

观点式标题的常用公式

直接表明观点 —— "某某：_____"
"某某称：_____"

间接表明观点 —— "某某指出_____"
"某某认为_____"
"某某资深____，他认为____"

图 2-15　观点式标题的常用公式

当然，公式是一个比较刻板的东西，在实际撰写 Vlog 标题的过程中，不可能完全按照公式来写，只能说它可以为我们提供大致的方向。那么，在撰写观点式标题时，有哪些经验和技巧可以借鉴呢？笔者总结了 3 点，如图 2-16 所示。

图 2-16　撰写观点式标题的技巧

观点式标题的好处在于一目了然，通过 "名人 + 观点" 的形式往往能在第一时间引起观众的注意。特别是当人物的名气比较大时，观众对于 Vlog 中表达的观点会更容易产生认同感。

2.2　5个优化标题文案的技巧

在创作 Vlog 之前，我们首先应该明确其主题内容，并以此拟定标题文案，从而使得标题与 Vlog 的内容紧密相连。无论 Vlog 的主题内容是什么，最终目的都是吸引观众点击、观看、评论及分享，从而为账号带来流量。因此，掌握撰写有吸引力的 Vlog 的标题技巧是很有必要的。

要想深入学习如何撰写爆款 Vlog 的标题，就要掌握爆款标题文案的特点。本节笔者将从爆款标题文案的特点出发，重点介绍 5 大优化技巧，以帮助大家更好地打造爆款 Vlog 标题。

2.2.1　标题字数要精简

部分运营者为了在标题中将 Vlog 的内容讲清楚，会把标题写得很长。那么，是不是标题越长就越好呢？笔者认为，在撰写 Vlog 的标题时，应该将字数控制在一定范围内。

在智能手机品类众多的情况下，不同型号的手机一行显示的字数是不一样的。一些图文信息在我们自己手机里显示为一行，但在其他型号的手机里可能就会显示为两行，在这种情况下，标题中的关键信息就有可能被隐藏，不利于观众了解标题描述的重点信息。

图 2-17 所示为抖音平台的 Vlog 播放界面，我们可以看到，界面中的标题部分文字因为字数太多，无法完全显示，所以标题的后方显示为省略号，需要点击 "展开" 按钮才能显示完整。观众看到这类标题后，可能难以在第一时间准确把握 Vlog 的主要内容，这样一来，Vlog 标题也就很难发挥其应有的作用。

因此，在撰写 Vlog 的标题时，在重点内容和关键词的选择上要有所取舍，把主要的内容呈现出来即可。标题本身就是对 Vlog 内容的提炼，字数过长会显得不够精练，同时也容易让观众丧失查看 Vlog 内容的兴趣，将标题字数控制在适当的范围内才是最好的。

当然，有时候我们也可以借助标题中的省略号来勾起观众的好奇心，让观众想要了解那些没有显示出来的内容。不过，这就需要我们在撰写标题的时候把握好这个引人好奇的关键点了。

图 2-17　标题字数太多无法完全显示

运营者在撰写 Vlog 的标题时要注意，标题应该尽量简短。俗话说"浓缩的就是精华"，短句子不仅生动、简单、内涵丰富，而且越是短的句子，越容易被人接受和记住。我们撰写 Vlog 标题的目的就是让观众更快地注意到标题，并被标题吸引，进而点击查看 Vlog，从而提高 Vlog 播放量。这就要求创作者在撰写 Vlog 标题时，要在最短的时间内吸引观众的注意力。

如果 Vlog 的标题文案过于冗长，就会导致观众失去耐心。这样一来，Vlog 标题将难以达到很好的互动效果。通常来说，撰写简短标题需要把握好两点，即用词精练、用句简短。

2.2.2　标题语言要简洁明了

Vlog 文案的受众比较广泛，其中包含文化水平不是很高的人群。因此，语言上要尽可能地形象化和通俗化。

从通俗化的角度而言，就是尽量少用华丽的辞藻和不实用的描述，要照顾到绝大多数观众的语言理解能力，利用通俗易懂的语言来撰写标题。相反，不符合观众口味的 Vlog 文案，很难吸引他们互动。为了实现 Vlog 标题的通俗化，我们可以重点从 3 个方面着手，如图 2-18 所示。

图 2-18　Vlog 标题通俗化的要求分析

其中，添加生活化的元素是一种常用的、简单的使标题通俗化的方法，也是一种行之有效的营销宣传方法。利用这种方法，可以把专业性的、不易理解的词汇和道理，通过生活元素形象、通俗地表达出来。

总之，在撰写 Vlog 的标题时，要尽量通俗易懂，让观众看到标题后能更好地理解其内容，从而让他们更好地接受 Vlog 中的观点。

2.2.3 标题文案针对性要强

Vlog 标题的形式千千万万，我们不能拘泥于几种常见的形式，因为普通的标题早已不能够吸引每天都在变化的观众。

那么，怎样撰写标题才能够引起观众的注意呢？笔者认为，以下 3 种做法比较具有实用性且能吸引观众的关注。

（1）在 Vlog 的标题中使用问句，能在很大程度上激发观众的兴趣，提高观众的参与度。例如，"你想成为一个事业和家庭都成功的人士吗？""为什么你运动了却依然瘦不下来？""早餐、午餐和晚餐的比例到底怎样划分才更加合理？"等，这些标题对于那些急需解决这方面问题的观众来说是十分具有吸引力的。

（2）Vlog 标题中的元素越详细越好，越是详细的信息，对于那些需求紧迫的观众来说，就越具有吸引力。例如，"为什么你运动了却依然瘦不下来？"，如果笼统地写成"你想减肥吗？"，那么针对性和说服力都会大打折扣。

（3）要在 Vlog 的文案中将能带给观众的利益明确地展示出来。观众在标题中看到有利于自身的东西，才会去注意和查阅相应的 Vlog。所以，在撰写标题文案时，要突出带给观众的利益，吸引他们的目光，让他们对文案内容产生兴趣，进而点击查看 Vlog。

温馨提示
在撰写 Vlog 的标题时，大家要学会用新颖的标题来吸引观众的注意力。对于那些千篇一律的标题，观众看多了就会审美疲劳，而适当的创新则能让他们的感受大有不同。

2.2.4 标题重点要清晰突出

在生活快节奏的当下，很少有人能够静下心来认认真真地品读一篇文章，细细咀嚼慢慢回味。人们忙工作、忙生活，也就形成了所谓的快节奏。Vlog 的标题也要适应这种快节奏，要清楚直接，让人一眼就能看见重点。

标题的好坏直接决定了 Vlog 播放量的高低，所以，在撰写 Vlog 的标题时，一定要突出重点、简洁明了。标题字数不要太多，同时最好能做到读起来朗朗上口，这样才能让观众在短时间内就清楚地知道标题想要表达的意思，相关示例如图 2-19 所示。相反，若标题字数太多，结构过于复杂，词句拗口、生涩难懂（专业性视频除外），观众可能就会失去阅读的兴趣，进而会影响 Vlog 的点击量、转发量等数据。

图 2-19　简单直接的 Vlog 标题示例

2.2.5　标题内容实用性要强

在运营 Vlog 的过程中，撰写文案的目的主要在于告诉观众通过了解和关注该 Vlog，能获得哪些方面的实用性知识或能得到哪些具有价值的信息。因此，为了提升 Vlog 的点击量，在写标题时应该体现其实用性，以最大限度地吸引观众的眼球。

比如，与健身有关的 Vlog 账号，都会在 Vlog 中介绍一些健身的方法，并在标题中将其展示出来。观众看到这一文案之后，就会通过点击查看 Vlog 来了解标题所介绍的有关健身的详细方法。

像这一类具有实用性的 Vlog 标题，会对视频内容的实用性和针对的对象做说明，为那些需要相关方面知识的观众提供了实用的解决方案。

而且，展现实用性的 Vlog 标题，多出现在专业的或与生活常识相关的平台上。除了上面所说的有关于健身的标题中会展现实用性以外，其他专业化的视频平台或账号的标题也需要满足观众追求实用性的需求。

比如，一些分享摄影技术或是摄影器械的 Vlog，会在 Vlog 的标题中将其实用性展示出来，让观众能够快速了解这个 Vlog 的主要内容。

在 Vlog 的标题中展现实用性是一种非常有效的引流方法，特别是对于那些在生活中遇到类似问题的观众而言，利用这一方法撰写的 Vlog 标题是非常受欢迎的，因此相关 Vlog 更容易获得较高的点击量。

图 2-20 所示为两个体现实用性的 Vlog 标题示例。这两个 Vlog 的标题中明确地展现了

Vlog中包含的观众可能用得上的生活小妙招或实用小物件。因此，观众看到这两个标题之后就会认为Vlog中的内容可能对自己有用，这样一来，他们自然会更愿意查看Vlog。

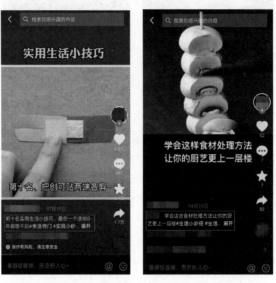

图 2-20　体现实用性的标题示例

　　一般来说，好的Vlog标题要能够抓住观众的心理。运营者撰写标题和观众阅读标题其实是一个相互实现的过程，运营者想要传达某些思想或观点给观众的同时，观众也希望能通过标题看到从Vlog当中可以获得的益处或奖赏。

第二篇
运镜方法篇

第 **3** 章 拍摄技巧：拍出专业水准的 Vlog

运用不同的构图和打光技巧，能拍出截然不同的 Vlog。在拍摄 Vlog 作品时，我们可以通过适当的构图和打光技巧，展现出独特的画面魅力。本章笔者就为大家详细讲解一些关于 Vlog 的拍摄技巧，帮助用户做出更多精彩效果。

3.1 Vlog 的 8 种构图技巧

构图是指通过将人物、景物等进行合理的安排和布局，使画面看上去更加美观、更具艺术感，从而更好地展现拍摄者要表达的主题。本节主要介绍 Vlog 的 8 种构图技巧，帮助大家拍摄更优质的 Vlog。

3.1.1 前景构图更有层次感

前景构图是指拍摄者在拍摄 Vlog 时，利用拍摄主体与镜头之间的景物，进行构图的一种 Vlog 拍摄方式。

前景构图拍摄视频不仅会使 Vlog 的主体更加清晰、醒目，还会让 Vlog 的画面更有层次感，如图 3-1 所示。

图 3-1　前景构图

3.1.2 对角线构图更有动感

对角线构图是指画面中的对角之间形成一根或几根连线。需要注意的是，千万不要为了对角而对角，否则效果可能会适得其反。使用对角线进行构图的好处是，能利用画面长度的优势，让画面变得有动感，时刻吸引观众的视线。这类构图方法比较适合拍摄风景、旅行类型的 Vlog，如图 3-2 所示。

图 3-2 对角线构图

3.1.3 水平线构图让画面更宽广宏大

水平线构图是指依据水平线而形成的拍摄构图技法，能给人宁静之感，同时能让拍摄出的 Vlog 画面更宽广宏大，如图 3-3 所示。

运用水平线构图进行拍摄时最主要的就是寻找水平线，或者与水平线平行的直线，这样拍摄出的画面十分具有延伸感。

图 3-3 水平线构图

3.1.4 三分线构图更突出主体

三分线构图，顾名思义，就是将视频画面从横向或纵向上分为三部分。在拍摄 Vlog 时，将对象或焦点放在三分线的某一位置上进行构图取景，这样可以让对象更加突出，让画面更加美观，如图 3-4 所示。

图 3-4 三分线构图

3.1.5 框架式构图更有氛围感

框架式构图分为规则框式构图和不规则框式构图。它的拍摄原理是，让画面的主体处于一个框架里面，这个框架可以像方形，也可以像圆形，甚至可以看不出形状。图 3-5 所示为利用大门作为框架拍摄的视频效果。

图 3-5 框架式构图

3.1.6 中心点构图更能抓人视线

中心点构图就是使拍摄的主体位于画面中央，而中心位置就是人们的视觉焦点。中心点构图最大的优点就是能让主体更突出，很适合用于拍摄 Vlog。

我们在拍摄人像 Vlog 时，也可以使用中心点构图。拍摄中心点构图的视频非常简单，只需要将主体安排在视频画面的中心位置即可，这种情况下要尽量选择比较简单的背景，这样，能让人物主体更加突出。图 3-6 所示为以人物为主的中心点构图，能让人一眼就抓到视觉焦点。

图 3-6 中心点构图

温馨提示

掌握中心点构图需要注意两点：一是要观察被拍摄对象的数量，并找到拍摄主体；二是留白，不要选择太过繁杂的背景，越是简洁的背景就越能够突出主体。

3.1.7 透视构图更具延伸感

透视构图是指视频画面中的某一条线或某几条线，由近及远形成延伸感，能使观众的视线沿着视频画面中的线条汇聚成一点。在拍摄 Vlog 的时候，透视构图分为单边透视构图和双边透视构图。

1. 单边透视构图

单边透视构图是指，视频画面中只有一边带有由近及远形成延伸感的线条。使用单边透视构图拍摄Vlog，可以增强视频拍摄主体的立体感，如图3-7所示。

图 3-7　单边透视构图

2. 双边透视构图

双边透视构图是指，视频画面的两边都带有由近及远形成延伸感的线条。双边透视构图能很好地汇聚观众的视线，使Vlog的画面更具动感和深远意味，如图3-8所示。

图 3-8　双边透视构图

3.1.8　对称构图更具平衡感

对称构图的含义很简单，就是整个画面以一条轴线为界，轴线两边的事物重复且相同。对称构图不仅具有形式上的美感，同时具有稳定、平衡的特点。对称构图按简单的方式来划分的话，主要有两种，一种是上下对称，另一种是左右对称。

1. 上下对称构图

上下对称，顾名思义，就是视频画面的上半部分与下半部分对称。这种构图能在横向上给人以稳定之感，如图3-9所示。

图 3-9　上下对称构图

2. 左右对称构图

左右对称就是视频画面的左半部分与右半部分对称，这种构图更能在纵向上给人以稳定之感，如图 3-10 所示。

图 3-10　左右对称构图

> **温馨提示**
>
> 要想拍摄出对称构图的 Vlog 画面，首先需要寻找具有对称性质的拍摄主体；其次是要寻找对称轴，只有找到了对称轴，才能保证视频画面的对称性。

3.2　Vlog 的 7 种用光技巧

在拍摄 Vlog 时，我们要善于利用不同的光线来构图，像顺光、侧光、逆光及不同天气不同时间下的光线等。而且，我们要尽可能地运用高质量的光源，让画面更具氛围感。本节主要介绍 7 种用光技巧，帮助大家拍摄更具观赏性的 Vlog。

3.2.1　顺光拍摄色彩更佳

顺光也叫正面光，指的是照射方向和拍摄方向相同的光线。在顺光拍摄时，被摄主体（人或物体）的阴影被主体本身遮挡，因而能给画面带来比较好的色彩和光线。图 3-11 所示为顺光拍摄的 Vlog 画面，投射在人物全身的光线十分均匀。

图 3-11　顺光拍摄的 Vlog 画面

3.2.2　侧光拍摄立体感强

　　侧光是指光线的照射方向
与拍摄方向呈直角，即光线从
Vlog 拍摄主体的左侧或右侧直
射而来。被摄物体受光源照射
的一面非常明亮，而另一面则
比较阴暗，画面的明暗层次感
非常分明。图 3-12 所示为侧光
拍摄的视频画面，被光线照到
的衣服比较光亮，而脸部和背
光的衣服则比较暗。

图 3-12　侧光拍摄的 Vlog 画面

3.2.3　逆光拍摄更有氛围

　　逆光是指被摄主体刚好处
于光源和摄像头之间的情况，
被摄主体容易出现曝光不足的
情况。逆光拍摄，不仅可以增
强被摄主体的质感，还可以增
强画面的整体氛围和渲染性，
如图 3-13 和图 3-14 所示。

图 3-13　逆光拍摄的 Vlog 画面 1

图 3-14　逆光拍摄的 Vlog 画面 2

3.2.4 早、中、晚光线变化巨大

不同的光线下拍摄出来的 Vlog 感觉是不一样的，就拿自然光（即大自然中的光线，如日光、月光、天体光等）来说，随着时间的推移，如早上、中午和晚上，光线的强弱和方向变化十分大，因此拍摄出的 Vlog 差别也会非常大。

1. 早上的光线

晴天的清晨，空气比较清新，利用光线的透明度优势，通常能拍出不错的 Vlog 效果。图 3-15 所示为清晨时分拍摄的 Vlog 画面，阳光从侧方渲染出来，由于此时太阳还没有完全升起，光线还不强烈，所以有一种朦胧的美感。

图 3-15　清晨拍摄的 Vlog 画面

2. 中午的光线

正午的光线非常充足，我们尽量不要在逆光下拍摄，否则容易曝光过度。图 3-16 所示为正午时分，在阳光下拍摄的登山 Vlog 画面，采用侧光拍摄，突出了山体的层次感。

3. 晚上的光线

在晚霞较少的情况下，傍晚的光线一般会偏暗，但加上城市建筑中的人造灯光，画面立马就变得不一样了。借用这种特殊的环境光线拍摄 Vlog，会呈现出惊人的效果。

图 3-16　中午拍摄的 Vlog 画面

图 3-17 所示为航拍的桥上夜景 Vlog 画面，桥上明亮的灯光和暗淡的四周完美地融合在

图 3-17　航拍的桥上夜景 Vlog 画面

一起，整个画面非常唯美，营
造了一种忽明忽暗之感。

在太阳落山的时候，我们
可以采用逆光拍摄日落景象。
图 3-18 所示为日落时拍摄的
Vlog 画面，山体和建筑物在夕
阳的照射下呈剪影效果。

图 3-18　日落时拍摄的 Vlog 画面

3.2.5　晴朗天气弹性最大

晴天时，光线充足、色彩
鲜艳，这是摄影师最喜欢的拍
摄天气之一，同时也是弹性最
大的拍摄天气，我们应尽量
选择在晴天多云的时候拍摄。
图 3-19 所示为晴天拍摄的 Vlog
画面，画面整体比较亮，拍摄
的景物颜色也很明朗。

图 3-19　晴天拍摄的 Vlog 画面

3.2.6　阴雨天气亮度较低

遇到阴雨天时，地面上的
景物由于得不到太阳光的直射，
亮度会比较低。在这种情况下，
我们可以将拍摄主体放在景物
上面，拍出画面的灵动之感。
图 3-20 所示为阴雨天拍摄的
鲜花 Vlog，画面中的花瓣上还
挂着水珠，整体的明亮度不是
很高。

图 3-20　阴雨天拍摄的鲜花 Vlog 画面

3.2.7 浓雾天气能见度低

常规情况下，我们拍摄风景 Vlog 最重要的就是保证高清晰度，而大雾天气下能见度非常低，几米外的景物几乎看不见。在这种天气拍摄 Vlog 时，我们要选择好拍摄角度，将天气的劣势变为优势，把原本能见度低的画面拍成朦胧雾景图，效果会非常好，如图 3-21 所示。

图 3-21 在浓雾中拍摄的风光

第4章 基本运镜：呈现出优质的视觉效果

在拍摄 Vlog 时，除了调整镜头角度和景别之外，我们还可以使用不同的运镜方式变换镜头，以此来拍摄不同的环境和事物，让我们的 Vlog 呈现更优质的视觉效果。

4.1 拍摄 Vlog 常用的 2 大镜头类型

拍摄 Vlog 的镜头通常包括两种类型，分别为固定镜头和运动镜头。固定镜头是指在拍摄 Vlog 时，镜头的机位、光轴和焦距等都保持不变，适合拍摄画面中有变化的对象，如车水马龙和日出日落等。运动镜头是指在拍摄的同时可以不断调整镜头的位置和角度，也可以称为移动镜头。

使用固定镜头拍摄 Vlog 时，只要用三脚架或双手持机保持镜头固定即可。使用运动镜头时则通常需要使用手持稳定器来辅助拍摄，以拍出画面的移动效果。固定镜头和运动镜头的操作技巧如图 4-1 所示。

固定镜头

取景位置：固定不变
画面元素：在固定的取景范围中运动变化
　　　　　如上图中流动的云朵

运动镜头

取景位置：可向前、后、上、下、左、右等方向移动
　　　　　如拍摄上图时取景位置不断向前推移
画面元素：在非固定的取景范围中运动变化
　　　　　如上图中的马路和两侧的树木，景别由大变小

图 4-1　固定镜头和运动镜头的操作技巧

当然，在拍摄形式上，运动镜头要比固定镜头更加多样化。常见的运镜方式包括推拉运镜、横移运镜、摇移运镜、跟随运镜、升降运镜及环绕运镜等。在拍摄 Vlog 时熟练使用这些运镜方式，能更好地突出画面细节和表达主题内容，从而吸引更多用户关注我们的作品。

图 4-2 所示为采用三脚架固定镜头位置拍摄的流云延时视频效果。这种固定镜头的拍摄形式，能够将天空中云卷云舒的画面完整地记录下来。

图 4-2 使用固定镜头拍摄的云卷云舒的画面

4.2 突出 Vlog 主体的 4 种镜头角度

在使用运镜手法拍摄 Vlog 前，首先要掌握各种镜头角度，如平角、斜角、仰角和俯角等，这样能够让我们在运镜时更加得心应手。

4.2.1 平角能客观展现主体原貌

平角即镜头与拍摄主体保持水平方向上的一致，镜头光轴与拍摄对象（中心点）齐高，能够更客观地展现主体的原貌。平角的拍摄案例如图 4-3 所示。

图 4-3 平角的拍摄案例

4.2.2 斜角能使画面更有立体感

斜角即在拍摄时将镜头倾斜一定的角度，从而产生透视变形的画面失调感，能够让画面显得更加立体。斜角的拍摄案例如图 4-4 所示。

图 4-4 斜角的拍摄案例

4.2.3 仰角能让画面更有代入感

仰角即低机位仰视的拍摄角度，能够让拍摄对象显得更加高大，同时可以让 Vlog 的画面更有代入感。仰角的拍摄案例如图 4-5 所示。

图 4-5 仰角的拍摄案例

4.2.4 俯角能充分展现主体全貌

俯角即高机位俯视的拍摄角度，可以让拍摄对象看上去更加弱小，适合拍摄建筑、街景、人物、风光、美食或花卉等 Vlog 题材，能够充分展示主体的全貌。俯角的拍摄案例如图 4-6 所示。

图 4-6 俯角的拍摄案例

4.3 提升 Vlog 质量的 5 种镜头景别

镜头景别是指镜头与拍摄对象的距离，通常包括远景、全景、中景、近景和特写等几大类型，不同的景别可以展现出不同的画面空间。

我们可以通过调整焦距或拍摄距离来调整镜头景别，从而控制取景框中的主体和周围环境各自所占的比例。

4.3.1 远景镜头更能展现周围环境

远景又可以细分为大远景和全远景两类。

（1）大远景镜头：景别的视角非常大，适合拍摄城市、山区、河流、沙漠或大海等户外类 Vlog 题材。大远景镜头尤其适合用于片头部分，通常使用大广角镜头拍摄，能够将主体所处的环境完全展现出来，如图 4-7 所示。

图 4-7 大远景镜头的拍摄示例

（2）全远景镜头：可以兼顾环境和主体，通常用于拍摄高度和宽度都比较充足的室内或户外场景，可以更加清晰地展现主体的外貌和部分细节，也可以更好地表现拍摄 Vlog 时的时间和地点，如图 4-8 所示。

图 4-8　全远景镜头的拍摄示例

大远景镜头和全远景镜头除了拍摄的距离不同外，大远景镜头对于主体的表达也是不够的，它主要用于交代环境；而全远景镜头则在交代环境的同时，兼顾了对主体的展现，如图 4-8 中的建筑。

4.3.2　全景镜头可以展现主体的全貌

全景镜头的主要作用就是展现人物或其他主体的"全身面貌"，通常使用广角镜头拍摄，Vlog 画面的视角非常广。

全景镜头的拍摄距离比较近，能将人物的整个身体完全拍摄出来，包括服装、表情、手部和脚部的肢体动作等，还可用来表现多个人物的关系，如图 4-9 所示。

图 4-9　全景镜头的拍摄示例

4.3.3 中景镜头能让画面主体更清晰

中景镜头的景别为人物的膝盖部分向上至头顶，不但可以充分展现人物的面部表情、发型发色和视线方向，同时还可以兼顾人物的手部动作，如图 4-10 所示。

图 4-10 中景镜头的拍摄示例

4.3.4 近景镜头重点刻画形象

近景镜头的景别主要是将镜头下方的取景边界线卡在人物的腰部位置，用来重点刻画人物形象和面部表情，展现人物的神态、情绪等细节，如图 4-11 所示。

图 4-11 近景镜头的拍摄示例

4.3.5 特写镜头重点刻画局部特征

特写镜头着重刻画人物的整个头部或身体的局部特征。特写镜头是一种纯细节的景别，也就是说，我们在拍摄时将镜头只对准人物的脸部、手部或脚部等某个局部，进行细节的刻画和描述，如图 4-12 所示。

图 4-12　特写镜头的拍摄示例

4.4　让 Vlog 更专业化的 6 种运镜方式

在拍摄 Vlog 前，我们还要掌握一些运镜技巧，如推拉运镜、横移运镜、摇移运镜、甩动运镜、跟随运镜、升降运镜、环绕运镜等，熟悉多种运镜方式能够让我们在运镜时更加灵活。

4.4.1　推拉运镜能强调画面关系

推拉运镜是 Vlog 中最为常见的运镜方式之一，通俗来说，就是一种"放大画面"或"缩小画面"的表现形式，可以用来强调拍摄场景的整体或局部及彼此的关系。

推镜头是指从较大的景别将镜头推向较小的景别，如从远景推至近景，从而突出要表达的细节，将这个细节之处从镜头中凸显出来，让观众注意到。拉镜头的运镜方向与推镜头正好相反，它是先用特写或近景等景别，将镜头靠近主体拍摄，然后向远处逐渐拉出，拍摄远景画面。

图 4-13　近距离拍摄

图 4-13 所示为采用无人机拍摄的 Vlog 画面，拍摄时镜头的机位比较低，同时距离建筑物比较近，能够拍清建筑物周围的一些环境特征。

然后通过拉镜头的运镜方式，将无人机的镜头机位向后拉远，画面中的建筑变得越来越小，同时镜头获得了更加宽广的取景视角，如图 4-14 所示。

图 4-14　通过拉镜头交代主体所处的环境

4.4.2 横移运镜能增强画面空间感

横移运镜是指拍摄时镜头在水平方向上移动。跟推拉运镜向前或向后移动的不同之处在于，横移运镜是将镜头向左或向右移动。横移运镜通常用于展现剧中的情节，如人物在沿直线走动时，镜头也跟着横向移动，不仅可以更好地展现出空间关系，而且能够增强画面的空间感。

图 4-15　拍摄桥上场景

图 4-15 所示为运用横移运镜方式拍摄的桥上 Vlog，镜头从桥的左下方开始，拍摄人物直线走动的场景。

在拍摄过程中，镜头向右侧移动，形成横移运镜的效果，让画面看上去更加流畅，如图 4-16 所示。

图 4-16　通过横移运镜产生跟随拍摄的视觉效果

4.4.3 摇移运镜能增强视觉体验感

摇移运镜主要是通过灵活变动拍摄角度，来充分展示主体所处的环境特征，可以让观众在观看 Vlog 时产生身临其境的视觉体验感。

摇移运镜是指保持机位不变，然后朝着不同的方向转动镜头。镜头运动方向可分为左右摇动、上下摇动、斜方向摇动及旋转摇动等。

摇移运镜就像是一个人站着不动，然后转动头部或身体，用眼睛观看四周的环境。我们在使用摇移运镜手法拍摄 Vlog 时，可以借助手持稳定器，更加方便、稳定地调整镜头方向，如图 4-17 所示。

图 4-17　摇移运镜的拍摄示例

4.4.4 跟随运镜能强调内容主题

跟随运镜跟前面介绍的横移运镜比较类似，只是在运镜方向上更为灵活多变。拍摄时可以始终跟随人物前进，让主角一直处于镜头中相对固定的位置，从而可以让观众产生强烈的空间穿越感。跟随运镜适用于拍摄人像类、旅行类、纪录片及宠物类等Vlog题材，能够很好地强调内容主题。

运用跟随运镜方式拍摄Vlog时，需要注意这些事项：镜头与人物之间的距离基本保持一致；重点拍摄人物的面部表情或肢体动作的变化；跟随的路径可以是直线，也可以是曲线。

图4-18所示为采用"跟随运镜+全景景别"的方式，在人物背面拍摄的人物行走的画面。通过全景景别拍摄人物，不仅能够交代人物所处的环境，还将人物的衣着、行走动作完整地表现了出来。

图 4-18 跟随运镜的拍摄示例

4.4.5 升降运镜能体现空间的纵深感

升降运镜是指镜头的机位朝上下方向运动，从不同方向的视点来拍摄要表达的场景。升降运镜适合拍摄气势宏伟的建筑物、高大的树木、雄伟壮观的高山及人物的局部细节。

使用升降运镜方式拍摄Vlog时，需要注意以下事项。

（1）拍摄时可以切换不同的角度和方位来移动镜头，如垂直移动、上下弧线移动、上下斜向移动及不规则地上下移动。

（2）画面中可以纳入一些前景元素，从而体现空间的纵深感，让观众感觉主体对象更加高大。

图4-19所示为采用上升运镜方式拍摄

图 4-19 上升运镜的拍摄示例

的桥上风景，在拍摄过程中将镜头机位逐渐升高，这种从低处向高处的运镜方式能够扩大画面的取景范围。

图 4-20 所示为采用下降运镜方式拍摄的人物画面，在拍摄过程中将镜头机位逐渐降低。

图 4-20 下降运镜的拍摄示例

4.4.6 环绕运镜能增强画面的视觉冲击力

环绕运镜即镜头绕着拍摄对象 360°环拍，操作难度比较大，拍摄时旋转的半径和速度要基本保持一致。

图 4-21 所示为环绕运镜的拍摄效果，拍摄主体是画面中的建筑物，镜头则围绕建筑 360°环绕拍摄。

图 4-21 环绕运镜的拍摄示例

温馨提示

环绕运镜可以拍摄出对象周围 360°的环境和空间特点，同时还可以配合其他运镜方式来增强画面的视觉冲击力。如果在拍摄时人物处于移动状态，则环绕运镜的操作难度会更大。此时我们可以借助一些手持稳定设备来稳定镜头，让旋转过程更为平滑、稳定。

第5章 组合运镜：享受 Vlog 的极致节奏感

运用各种特殊运镜方式和组合运镜方式拍摄 Vlog，可以为 Vlog 增加亮点，轻松拍出大片感，吸引观众眼球，从而给 Vlog 带来更多的关注和流量，给观众带来别样的视觉感受。

5.1 拍摄 Vlog 的 8 种特殊运镜方式

本节将介绍的特殊运镜方式包含现在比较流行的希区柯克变焦运镜、无缝转场运镜、盗梦空间运镜及极速切换等。拍摄 Vlog 时运用这些运镜方式，会让 Vlog 的画面更加丰富、有趣。

5.1.1 希区柯克变焦运镜

希区柯克变焦也叫作滑动变焦，主要是指主体位置不变，背景焦距动态变化，从而营造出一种空间压缩感。希区柯克变焦运镜画面如图 5-1 所示。

图 5-1 希区柯克变焦运镜的拍摄示例

下面为大家介绍如何使用稳定器来进行希区柯克变焦运镜。

步骤 01 在 DJI MimoApp 中的拍摄模式下，❶切换至"动态变焦"模式，默认选择"背景靠近"拍摄效果，❷然后点击"完成"按钮，如图 5-2 所示。

> 温馨提示
>
> 在动态变焦模式下，稳定器有"背景靠近"和"背景远离"两个拍摄效果选项，不过主体人物的位置都是不动的。在"背景靠近"效果选项下，镜头是渐渐远离人物的；在"背景远离"效果选项下，镜头是向前推的，从远到近靠近人物。不过无论哪种模式，都需要框选画面中的主体。在选择视频背景时，最好选择线条感强烈、画面简洁的背景。

步骤 02 ❶框选人像，❷点击"拍摄"按钮，如图 5-3 所示。在拍摄时，人物位置不变，镜头向后拉，从而慢慢远离人物。

步骤 03 拍摄完成后，显示合成进度，如图 5-4 所示。

步骤 04 合成完成后即可在相册中查看拍摄的视频，如图 5-5 所示。

图 5-2 点击"完成"按钮 图 5-3 点击"拍摄"按钮 图 5-4 显示合成进度的界面 图 5-5 查看拍摄的视频

5.1.2 无缝转场运镜

无缝转场运镜一般由两段视频组成，用运镜的方式来进行转场。例如，同一人物在不同的地点出现，就可以用无缝转场运镜方式进行拍摄和拼接。无缝转场运镜的拍摄效果如图 5-6 所示。

图 5-6 无缝转场运镜的拍摄示例

在一些比较受欢迎的抖音视频中，很多会用到无缝转场这种运镜方式，它可以让画面更加连贯。连接两段视频时可以通过剪映 App 中的 "曲线变速" 功能进行剪辑。

5.1.3　盗梦空间运镜

盗梦空间运镜和360°旋转推镜类似，不过盗梦空间运镜更长一些，还包含了360°旋转后拉运镜。盗梦空间运镜的拍摄效果如图5-7所示。

图 5-7　盗梦空间运镜的拍摄示例

盗梦空间镜头来自电影《盗梦空间》，主要以旋转镜头为主，让人感觉眼花缭乱，视觉冲击力十足。

拍摄盗梦空间运镜效果时，要在稳定器中开启 "旋转拍摄" 模式，倒置镜头拍摄人物，长按方向键进行旋转拍摄，并跟随人物前行。由于视频中的人物是处于运动状态的，因此我们需要跟随推镜和拉镜。

5.1.4　极速切换运镜

极速切换运镜主要是运用甩镜进行转场，让两段视频之间的切换更加迅速。极速切换运镜的画面效果如图5-8所示。

图 5-8 极速切换运镜的拍摄示例

运用甩镜进行极速切换时，画面之间的转场会非常自然，而且场景之间的连接也会更加流畅、更有动感。这组镜头需要用到剪映 App 的"曲线变速"功能进行剪辑拼接。

5.1.5 全景前推 + 近景下降

"全景前推 + 近景下降"是指在全景的时候将镜头进行前推，前推到人物近景时进行下降拍摄。"全景前推 + 近景下降"的画面效果如图 5-9 所示，人物在远处朝着镜头方向走来，将镜头进行前推拍摄，与人物相遇后，人物停止前行，镜头缓慢下降拍摄人物。

图 5-9 "全景前推 + 近景下降"的拍摄示例

5.1.6 后拉镜头 + 固定镜头

第 1 段视频是一段正面跟随后拉镜头，第 2 段视频是固定镜头拍摄人物前景，即后拉镜头结束之后，人物位置不变，继续用固定镜头拍摄人物。"后拉镜头 + 固定镜头"的画面效果如图 5-10 所示。

图 5-10 "后拉镜头 + 固定镜头"的拍摄示例

"后拉镜头 + 固定镜头"非常适用于拍摄人物移动的场景，有助于从不同的镜头中捕捉画面。

5.1.7 侧面跟拍 + 侧面固定镜头

第 1 段视频是跟随拍摄人物半身侧面，第 2 段视频则是固定镜头拍摄人物侧面全景。"侧面跟拍 + 侧面固定镜头"的画面效果如图 5-11 所示。

图 5-11 "侧面跟拍 + 侧面固定镜头"的拍摄示例

"侧面跟拍+侧面固定镜头"的作用：从侧面拍摄，人物的脸部表情并不是完全展现出来的，给观众一种若隐若现的情绪；组合镜头可以从各个角度上表达情绪。

5.1.8　全景跟拍 + 固定镜头

第1段视频是全景跟拍人物前行，第2段视频则是固定镜头俯拍人物走进画面。"全景跟拍+固定镜头"的画面效果如图5-12所示。

图 5-12　"全景跟拍 + 固定镜头"的拍摄示例

"全景跟拍+固定镜头"的作用：运用这组镜头可以从多个角度拍摄同一场景下的同一人物，看似角度差异很大，其实各个镜头之间是有联系的，这也会让Vlog画面的层次更加丰富。

5.2　拍摄Vlog的8种组合运镜方式

组合运镜是指多个运镜方式组合在一起，如移镜头+跟镜头或者摇镜头+旋转镜头，甚至可以将3个以上运镜方式组合在一起。运用组合运镜的方式拍摄Vlog，不仅可以丰富Vlog的内容，还可以让Vlog受到更多的关注。

5.2.1　"推镜头 + 跟镜头"运镜

推镜头主要是从人物的侧面推近，跟镜头则是从人物的背后跟随，两个镜头是顺畅连接在一起的。摇摄时最好离人物不要太近，这样就能边摇摄边跟随。"推镜头+跟镜头"运镜拍摄的画面如图5-13所示。

图 5-13　"推镜头 + 跟镜头"运镜的拍摄示例

"推镜头 + 跟镜头"运镜的作用：运用推镜可以让焦点从大全景中转移到人物全景中来，跟随镜头则能展示人物的运动空间。

5.2.2　"侧跟 + 前景跟随"运镜

如图 5-14 所示，运用草丛做前景，镜头从人物侧面跟随，可以增加画面内容。

图 5-14　"侧跟 + 前景跟随"运镜的拍摄示例

"侧跟 + 前景跟随"运镜的作用：借助前景从侧面跟随主体人物进行拍摄，可以增强 Vlog

的层次感，还能制造一种悬念感，吸引观众的注意力。

5.2.3 "跟镜头 + 斜角后拉" 运镜

跟镜头主要是从人物前侧跟随，在跟随的过程中进行斜角后拉。"跟镜头 + 斜角后拉" 运镜拍摄的画面如图 5-15 所示。

图 5-15 "跟镜头 + 斜角后拉" 运镜的拍摄示例

在选择拍摄场景的时候，我们尽量选择地面干净整洁、有引导线的环境，最好选择广场或草地。我们在进行斜角后拉的时候，要注意背后的环境，确保人身安全和画面稳定。

"跟镜头 + 斜角后拉" 运镜的作用：跟镜头可以全程同步记录人物的神态和动作，斜角后拉则可以在人物进场的时候逐渐交代人物所处的环境。这组运镜一般用在开阔的场景中。

5.2.4 "旋转下摇 + 背后跟随" 运镜

首先镜头倾斜拍摄人物上方的天空，然后慢慢旋转回正并下摇拍摄人物，最后在背后跟随人物。"旋转下摇 + 背后跟随" 运镜拍摄的画面如图 5-16 所示。

人物在镜头旋转下摇的过程中一直处于运动状态，这样镜头在下摇连接跟随运镜的这一段视频中，画面就能自然且连贯。

"旋转下摇 + 背后跟随" 运镜的作用：镜头在旋转回正的过程中慢慢下摇，可以让观众的注意力由天空转移到人物身上。这组运镜一般用于拍摄视频的开头，可以交代人物所处的环境。

图 5-16 "旋转下摇 + 背后跟随" 运镜的拍摄示例

5.2.5 "旋转回正 + 过肩后拉" 运镜

在拍摄 Vlog 时，过肩后拉镜头可以与旋转回正运镜组合起来，让画面更加酷炫。"旋转回正 + 过肩后拉" 运镜拍摄的画面如图 5-17 所示。

图 5-17 "旋转回正 + 过肩后拉" 运镜的拍摄示例

"旋转回正 + 过肩后拉" 运镜的作用：镜头由倾斜的状态变成平正状态，画面也由斜变正了，镜头的位置从人物的前面移到人物的背面，在过肩后拉的过程中，画面横向上的内容一直在变化，景别也由小变大，这样一来，会使画面的层次感十足。

5.2.6 "横移摇摄 + 上升跟随" 运镜

利用前景横移拍摄，镜头跟随人物运动，并慢慢上升俯拍。"横移摇摄 + 上升跟随" 运镜拍摄的画面如图 5-18 所示。在拍摄 Vlog 时，我们要尽量选择漂亮、有特色的前景，如花朵、草丛或树枝。

图 5-18　"横移摇摄 + 上升跟随" 运镜的拍摄示例

"横移摇摄 + 上升跟随" 运镜的作用：镜头在横移的过程中会给观众带来神秘感，在上升跟随人物的过程中还可以交代人物所处的环境。

5.2.7 "高角度俯拍 + 前侧跟随" 运镜

拍摄者站在高处，被拍摄者处于低处，镜头高角度俯拍人物，并从人物前侧跟随人物。"高角度俯拍 + 前侧跟随" 运镜拍摄的画面如图 5-19 所示。

在选景时，最好选择有高有低，且高低之间有一定前景的场景，这样就能轻松拍出俯拍视角。

图 5-19 "高角度俯拍 + 前侧跟随"运镜的拍摄示例

"高角度俯拍 + 前侧跟随"运镜的作用：镜头高角度俯拍，人物会变得非常渺小，周围的环境则会变得广阔，且画面的层次感会比平拍视角要更立体。与此同时，俯拍 + 前侧跟随这种不常见的视角，拍出的画面能让观众产生新鲜感。

 温馨提示

如果没有高低相间的环境，就可以在平地环境里，用可延长的自拍杆搭配手机进行俯拍跟随拍摄。

5.2.8 "低角度前推 + 上摇对冲"运镜

人物从前方走来，镜头低角度拍摄人物正面，并向前推镜，然后慢慢上摇，拍摄人物后面的环境。"低角度前推 + 上摇对冲"运镜拍摄的画面如图 5-20 所示。

图 5-20 "低角度前推 + 上摇对冲"运镜的拍摄示例

图 5-20 "低角度前推 + 上摇对冲"运镜的拍摄示例（续）

　　"低角度前推+上摇对冲"运镜的作用：这组镜头以低角度仰拍的同时慢慢上摇，人物景别会由大变小，在正对人物拍摄的过程中还会让观众产生擦肩而过的代入感，画面整体层次感十足。

第 6 章 视频剪辑：提升 Vlog 的创作效率

如今，Vlog 的剪辑工具越来越多，功能也越来越强大。其中，剪映 App 是抖音推出的一款视频剪辑软件，拥有全面的剪辑功能，支持剪辑、调色、特效和合成处理，还有丰富的曲库资源和视频素材资源。本章笔者将介绍运用剪映 App 剪辑视频操作方法，帮助大家提升 Vlog 的创作效率。

6.1 Vlog 的 5 种常用剪辑方法

剪映 App 是抖音推出的一款视频剪辑软件，用户不仅可以通过剪映 App 对 Vlog 进行基本的剪辑处理，还可以通过剪辑功能来制作有趣的视频效果。本节主要介绍 Vlog 的 5 种剪辑方法。

6.1.1 剪辑 Vlog 素材

使用剪映 App 可以对 Vlog 进行分割、复制、删除和编辑等剪辑处理，下面介绍具体的操作方法。在剪映 App 中剪辑 Vlog 时要尽量选择高清模式。

步骤 01 打开剪映 App，在主界面中点击"开始创作"按钮，如图 6-1 所示。

步骤 02 进入手机相册，❶选择合适的 Vlog 素材，❷然后点击右下角的"添加"按钮，如图 6-2 所示。

步骤 03 导入该视频素材后点击左下角的"剪辑"按钮，如图 6-3 所示。

步骤 04 执行操作后，进入视频剪辑界面，如图 6-4 所示。

步骤 05 拖曳时间轴至需要分割的位置，如图 6-5 所示。

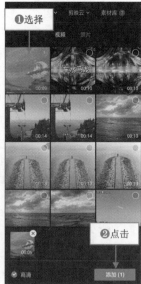

图 6-1 点击"开始创作"按钮　　图 6-2 点击"添加"按钮

步骤 06　点击"分割"按钮，即可分割视频，如图6-6所示。

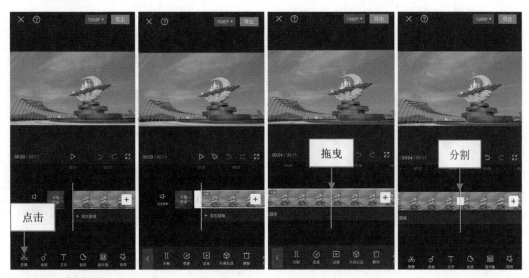

图 6-3　点击"剪辑"按钮　　图 6-4　视频剪辑界面　　图 6-5　拖曳时间轴　　图 6-6　分割视频

步骤 07　❶选择视频的片尾，❷点击"删除"按钮，如图6-7所示。

步骤 08　执行操作后即可删除剪映默认添加的片尾，如图6-8所示。

步骤 09　在视频剪辑界面中点击"编辑"按钮，可以对视频进行旋转、镜像及裁剪等编辑处理，如图6-9所示。

步骤 10　在视频剪辑界面中点击"复制"按钮，可以快速复制选择的视频片段，如图6-10所示。

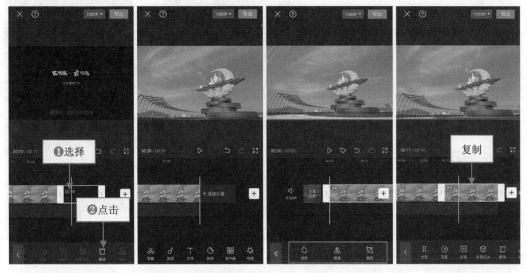

图 6-7　点击"删除"　　图 6-8　删除默认片尾　　图 6-9　视频编辑功能　　图 6-10　复制选择的
　　　　按钮　　　　　　　　　　　　　　　　　　　　　　　　　　　　　　　　　　视频片段

6.1.2 替换 Vlog 中的素材

 效果展示

使用"替换"功能，能够快速替换 Vlog 轨道中不合适的视频素材，效果如图 6-11 所示。

图 6-11　效果展示

下面介绍使用剪映 App 替换 Vlog 素材的具体操作方法。

步骤 01　在剪映 App 中导入需要的视频素材，如图 6-12 所示。

步骤 02　如果发现有更适合的素材，那么可以使用"替换"功能将原素材替换。方法为❶选择要替换的视频片段，❷然后点击"替换"按钮，如图 6-13 所示。

步骤 03　进入手机相册，点击"素材库"按钮（见图 6-14），切换至"素材库"选项卡，如图 6-15 所示。

步骤 04　在"片头"选项卡中选择合适的动画素材，如图 6-16 所示。

步骤 05　确认后即可替换所选的素材，如图 6-17 所示。

图 6-12　导入视频素材

图 6-13　点击"替换"按钮

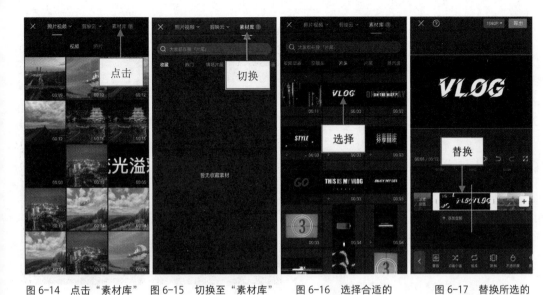

图 6-14　点击"素材库"　　图 6-15　切换至"素材库"　　图 6-16　选择合适的　　图 6-17　替换所选的
　　　　　按钮　　　　　　　　　　　　选项卡　　　　　　　　　　动画素材　　　　　　　　　素材

☞ 温馨提示

　　用户在剪映 App 中剪辑完视频后，可以点击"导出"按钮导出成品，书中不再详细介绍导
出操作。

6.1.3　对 Vlog 进行变速处理

效果展示

　　"变速"功能能够改变 Vlog 的播放速度，让画面更有动感，同时还可以模拟出蒙太奇的镜
头效果，如图 6-18 所示。

图 6-18　效果展示

下面介绍使用剪映App创作曲线变速 Vlog 的操作方法。

步骤 01 在剪映App中导入一段视频素材，❶添加合适的背景音乐，❷然后点击底部的"剪辑"按钮，如图6-19所示。

步骤 02 进入剪辑界面，点击"变速"按钮，如图6-20所示。

步骤 03 点击"常规变速"按钮，如图6-21所示。

步骤 04 拖曳红色的圆环滑块即可调整整段视频的播放速度，如图6-22所示。

步骤 05 若要进行曲线变速，就在变速操作菜单中点击"曲线变速"按钮，进

图 6-19　点击"剪辑"按钮　　图 6-20　点击"变速"按钮

入"曲线变速"编辑界面选择自己需要的选项。此处选择"蒙太奇"选项，如图6-23所示。

步骤 06 点击"点击编辑"按钮，进入"蒙太奇"编辑界面，在此可以根据需要调整变速点，如图6-24所示。

  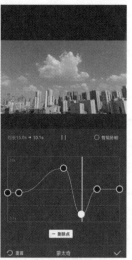

图 6-21　点击"常规变速"　　图 6-22　调整整段视频　　图 6-23　选择"蒙太奇"　　图 6-24　"蒙太奇"
　　　　　按钮　　　　　　　　　的播放速度　　　　　　　选项　　　　　　　　编辑界面

6.1.4　将Vlog进行倒放处理

 效果展示

在创作Vlog时，我们可以将其倒放，得到更有创意的画面效果，如图6-25所示。

图 6-25 效果展示

下面介绍使用剪映 App 创作视频倒放效果的操作方法。

步骤 01 在剪映 App 中导入一段素材，并添加合适的背景音乐，如图 6-26 所示。

步骤 02 ❶选择视频轨道中的素材，❷点击"倒放"按钮，如图 6-27 所示。系统会对视频片段进行倒放处理，并显示处理进度，如图 6-28 所示。稍等片刻即可倒放所选视频片段，如图 6-29 所示。

图 6-26 添加背景音乐　图 6-27 点击"倒放"按钮　图 6-28 显示倒放处理进度　图 6-29 倒放所选视频片段

6.1.5 一键快速生成 Vlog

"一键成片"是剪映 App 为了方便用户剪辑 Vlog 而推出的一个模板功能，操作非常简单，而且实用性也很强，效果如图 6-30 所示。

图 6-30 效果展示

下面介绍剪映 App "一键成片" 功能的基本操作方法。

步骤 01 打开剪映 App，在主界面中点击 "一键成片" 按钮，如图 6-31 所示。

步骤 02 进入手机相册，❶选择需要剪辑的素材，❷然后点击 "下一步" 按钮，如图 6-32 所示。执行该操作后，界面中会显示合成效果的进度，如图 6-33 所示。稍等片刻视频即可制作完成，并自动播放，如图 6-34 所示。

图 6-31 点击 "一键成片" 按钮

图 6-32 点击 "下一步" 按钮

步骤 03 用户可自行选择喜欢的模板并对视频进行编辑，方法为选择需要的模板后点击"点击编辑"按钮，如图6-35所示。

步骤 04 默认进入"视频"选项卡，❶点击下方的"点击编辑"按钮，❷在弹出的操作菜单中选择相应的视频编辑功能对视频进行编辑，如图6-36所示。

图 6-33 显示合成效果的进度　　图 6-34 预览模板效果　　图 6-35 点击"点击编辑"按钮 1　　图 6-36 视频编辑功能

步骤 05 ❶切换至"文本"选项卡，选择需要更改的文字，❷然后点击"点击编辑"按钮（见图6-37），即可对文字进行编辑。

步骤 06 点击"导出"按钮（见图6-38）后进行导出设置，即可导出视频。

图 6-37 点击"点击编辑"按钮 2

图 6-38 点击"导出"按钮

6.2　Vlog 的 2 种常用调色方法

在后期对 Vlog 的色调进行处理时，不仅要突出画面主体，还需要表现出适合主题的艺术气息，实现更好的色调视觉效果。

6.2.1　给 Vlog 进行基本调色

效果展示

本实例主要运用剪映 App 的"调节"功能，对原 Vlog 素材的色彩和影调进行适当调整，让画面效果变得更加夺目，如图 6-39 所示。

下面介绍使用剪映 App 对 Vlog 进行调色的具体操作方法。

调色前

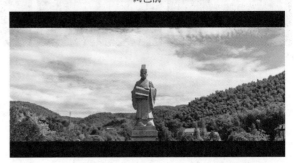

调色后

图 6-39　效果展示

步骤 01 在剪映 App 中导入一段素材，❶选择视频素材，❷然后点击"调节"按钮，如图 6-40 所示。

步骤 02 进入"调节"界面，❶选择"亮度"选项，❷然后拖曳滑块，将参数调至 10，如图 6-41 所示。

图 6-40　点击"调节"按钮　图 6-41　调节"亮度"参数

步骤 03 ❶选择"对比度"选项，❷然后拖曳滑块，将参数调至18，如图6-42所示。

步骤 04 ❶选择"饱和度"选项，❷然后拖曳滑块，将参数调至38，如图6-43所示。

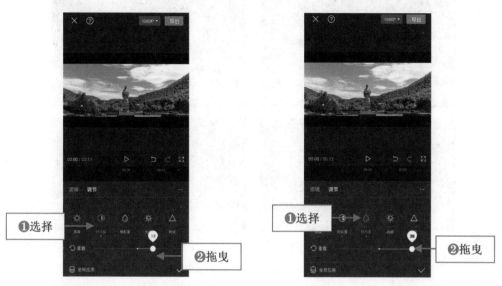

图 6-42　调节"对比度"参数　　　　　　　　　图 6-43　调节"饱和度"参数

步骤 05 ❶选择"光感"选项，❷然后拖曳滑块，将参数调至-8，如图6-44所示。

步骤 06 ❶选择"色温"选项，❷然后拖曳滑块，将参数调至-15，如图6-45所示。

图 6-44　调节"光感"参数　　　　　　　　　图 6-45　调节"色温"参数

6.2.2　对 Vlog 应用的滤镜进行调色

 效果展示

赛博朋克风格是现在网络上非常流行的色调，画面以青色和洋红色为主。也就是说，这两种色调的搭配是画面的主色调，效果如图6-46所示。

图 6-46　效果展示

下面介绍使用剪映App调出赛博朋克色调的具体操作方法。

步骤 01　在剪映App中导入一段素材，❶选择视频素材，❷然后点击"滤镜"按钮，如图6-47所示。

步骤 02　进入"滤镜"界面，❶切换至"风格化"选项卡，❷然后选择"赛博朋克"滤镜，如图6-48所示。

步骤 03　拖曳滑块，设置应用滤镜的程度为80，如图6-49所示。

图 6-47　点击"滤镜"按钮

图 6-48　选择"赛博朋克"滤镜

图 6-49　设置应用滤镜的程度

步骤 04　确认后返回上一级工具栏，点击"调节"按钮，如图6-50所示。

步骤 05 进入"调节"界面，❶选择"亮度"选项，❷然后拖曳滑块，将其参数调至 10，如图6-51所示。

步骤 06 ❶选择"对比度"选项，❷然后拖曳滑块，将参数调至10，如图6-52所示。

图 6-50　点击"调节"按钮　　　图 6-51　调节"亮度"参数　　　图 6-52　调节"对比度"参数

步骤 07 ❶选择"饱和度"选项，❷然后拖曳滑块，将参数调至7，如图6-53所示。

步骤 08 ❶选择"锐化"选项，❷然后拖曳滑块，将参数调至19，如图6-54所示。

图 6-53　调节"饱和度"参数　　　　　　图 6-54　调节"锐化"参数

步骤 09 ❶选择"色温"选项，❷然后拖曳滑块，将参数调至-21，如图6-55所示。

步骤 10 ❶选择"色调"选项，❷然后拖曳滑块，将参数调至20，如图6-56所示。

图 6-55 调节 "色温" 参数 　　　　　　　　　　　　图 6-56 调节 "色调" 参数

6.3　Vlog 的 3 种特效制作方法

　　一个 Vlog 的火爆依靠的不仅仅是拍摄和剪辑, 适当地添加一些特效能为 Vlog 增添意想不到的效果。本节主要介绍剪映 App 中自带的一些特效、动画和关键帧等功能的使用方法, 帮助大家做出各种精彩的视频效果。

6.3.1　制作多屏切换卡点视频效果

效果展示

　　本实例介绍的是多屏切换卡点效果的制作方法, 用到的主要是剪映 App 的自动踩点功能和分屏特效, 效果为一个视频画面根据节拍点自动分出多个相同的视频画面, 如图 6-57 所示。

图 6-57　效果展示

下面介绍在剪映 App 中实现多屏切换卡点效果的具体操作方法。

步骤 01　在剪映 App 中导入一段素材，并将音频分离出来，如图 6-58 所示。

步骤 02　❶选择音频轨道，❷然后点击"踩点"按钮，如图 6-59 所示。

步骤 03　进入踩点界面，❶开启"自动踩点"功能。❷选择"踩节拍 I"选项，生成对应的黄色节拍点，如图 6-60 所示。

图 6-58　分离音频

图 6-59　点击"踩点"按钮

图 6-60　选择"踩节拍 I"选项

步骤 04　返回主界面，❶拖曳时间轴至第 1 个节拍点，❷然后点击"特效"按钮，如图 6-61 所示。

步骤 05　点击"画面特效"按钮，如图 6-62 所示。

步骤 06　❶切换至"分屏"选项卡，❷选择"两屏"选项，如图 6-63 所示。

图 6-61　点击"特效"按钮

图 6-62　点击"画面特效"按钮

图 6-63　选择"两屏"选项

步骤 07 适当调整"两屏"特效的时长，使其刚好卡在第1个节拍点和第2个节拍点之间，如图6-64所示。

步骤 08 返回上一步，再次添加一个"三屏"特效，如图6-65所示。

图 6-64 调整"两屏"特效的时长

图 6-65 添加"三屏"特效

步骤 09 适当调整"三屏"特效的时长，使其刚好卡在第2个节拍点和第3个节拍点之间，如图6-66所示。

步骤 10 用同样的操作方法，在其余的节拍点之间继续添加分屏特效，如图6-67所示。

图 6-66 调整"三屏"特效的时长

图 6-67 添加其他的分屏特效

6.3.2　制作动画转场卡点视频效果

效果展示

　　本实例主要运用剪映 App 的踩点和动画功能，根据音乐的鼓点节奏将多个素材剪辑成一个卡点 Vlog，同时加上动感的转场动画特效，效果如图 6-68 所示。

图 6-68　效果展示

下面介绍在剪映 App 中添加动画转场卡点效果的具体操作方法。

　　步骤　01　在剪映 App 中导入一段视频和多张照片素材，如图 6-69 所示。

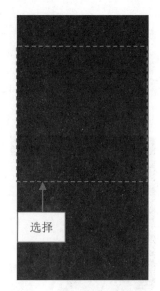

图 6-69　导入视频和照片素材

步骤 02　点击"音频"按钮，添加一个卡点背景音乐，如图 6-70 所示。

步骤 03　选择音频轨道，点击"踩点"按钮进入踩点界面。❶开启"自动踩点"功能，❷然后选择"踩节拍Ⅱ"选项，如图 6-71 所示。

图 6-70　添加卡点背景音乐

图 6-71　选择"踩节拍Ⅱ"选项

步骤 04　❶执行上述操作后即可在音乐上添加黄色的节拍点，❷调整视频素材和第 1 张照片素材的时长，使其与相应节拍点对齐，如图 6-72 所示。

步骤 05　点击"动画"按钮进入动画界面，然后点击"入场动画"按钮，如图 6-73 所示。

图 6-72　调整照片素材的时长

图 6-73　点击"入场动画"按钮

步骤 06 选择"向右甩入"动画效果，并调整动画时长，如图 6-74 所示。

步骤 07 ❶用同样的操作方法将其他的照片素材与节拍点对齐，❷并添加相应的入场动画效果，如图 6-75 所示。

图 6-74　选择"向右甩入"动画效果

图 6-75　添加相应的入场动画效果

6.3.3 为 Vlog 添加关键帧

效果展示

照片也能呈现电影大片的效果，只需为照片打上两个关键帧，就能让其变成一个视频，效果如图 6-76 所示。

下面介绍使用剪映 App 将全景照片制作成 Vlog 效果的具体操作方法。

步骤 01 在剪映 App 中导入一张全景照片，然后点击"比例"按钮，如图 6-77 所示。

步骤 02 选择 9:16 选项，如图 6-78 所示。

图 6-76 效果展示

步骤 03 ❶选择视频素材，❷用双指在预览区域放大视频画面并调整画面的显示区域，将其作为视频的片头画面，如图 6-79 所示。

图 6-77 点击"比例"按钮

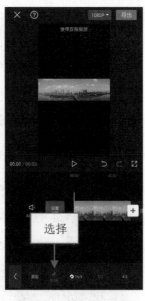

图 6-78 选择 9:16 选项

图 6-79 调整视频画面

步骤 04 拖曳视频轨道右侧的白色拉杆，适当调整视频素材的播放时长，如图6-80所示。

步骤 05 ❶拖曳时间轴至视频轨道的起始位置，❷点击◇按钮添加关键帧，如图6-81所示。

步骤 06 ❶拖曳时间轴至视频轨道的结束位置，❷在预览区域调整视频画面的显示区域，将其作为视频的结束画面。❸此时会自动生成关键帧，如图6-82所示。最后为短视频添加一个合适的背景音乐，导出成品效果。

图 6-80　调整播放时长

图 6-81　添加关键帧

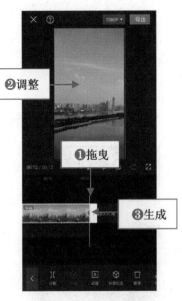

图 6-82　生成关键帧

6.4　Vlog的2种创意合成技巧

我们在抖音上经常可以刷到各种有趣又热门的创意合成视频，虽然看起来很难制作，但只要掌握了本节介绍的这些技巧，相信大家也能轻松做出相同的视频效果。

6.4.1　运用色度抠图功能合成视频

效果展示

在剪映App中运用色度抠图功能可以展现不同的画面效果。这个功能可以套用很多素材，如"穿越画卷"，即让视频画面在画卷中展示出来，营造出身临其境的视觉效果，如图6-83所示。

图 6-83　效果展示

下面介绍在剪映 App 中运用色度抠图功能合成视频的操作方法。

步骤 01　在剪映 App 中导入一段素材，然后点击"画中画"按钮，如图 6-84 所示。

步骤 02　❶在画中画轨道中添加一个绿幕素材，❷并将素材放大至全屏，如图 6-85 所示。

步骤 03　点击"色度抠图"按钮，如图 6-86 所示。

图 6-84　点击"画中画"按钮　　图 6-85　调整画中画素材　　图 6-86　点击"色度抠图"按钮

步骤 04　❶点击"取色器"按钮，❷然后拖曳取色器，取样画面中的绿色，如图 6-87 所示。

步骤 05　在"色度抠图"界面分别选择"强度"和"阴影"选项，将它们的参数设置为最大值，如图 6-88 所示。

 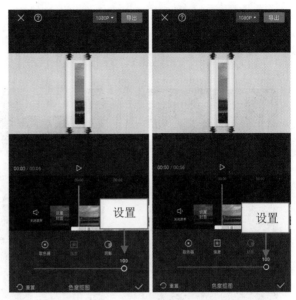

图 6-87　拖曳取色器　　　　　图 6-88　设置"强度"和"阴影"的参数

6.4.2　运用智能抠像功能合成视频

效果展示

　　本例中在添加翅膀特效素材时我们会发现，翅膀出现在了人物前面，这时就需要运用智能抠像功能把人像抠出来，让人物出现在翅膀的前面，从而做出变出翅膀的效果，而且整体效果也会变得更加自然，如图 6-89 所示。

图 6-89　效果展示

下面介绍在剪映 App 中运用智能抠像功能制作变出翅膀的效果的操作方法。

步骤　01　在剪映 App 中导入一段素材，然后点击"画中画"按钮，如图 6-90 所示。

步骤 02 ❶在画中画轨道中添加一个翅膀素材，❷并将画中画轨道的结尾处与视频轨道的结尾处对齐，如图 6-91 所示。

步骤 03 点击"混合模式"按钮，然后选择"滤色"选项，如图 6-92 所示。

图 6-90 点击"画中画"按钮

图 6-91 调整画中画轨道

图 6-92 选择"滤色"选项

步骤 04 调整翅膀素材的大小和位置，如图 6-93 所示。

步骤 05 复制主轨道中的视频，将其粘贴至第 2 个画中画轨道中，并将其与主轨道完全对齐，如图 6-94 所示。

步骤 06 点击"抠像"｜"智能抠像"按钮，如图 6-95 所示。

图 6-93 调整翅膀素材的大小和位置

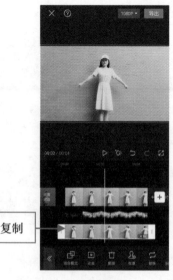
图 6-94 复制并调整素材

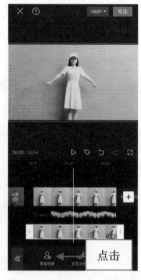
图 6-95 点击"智能抠像"按钮

执行上述操作后，剪映开始进行智能抠像处理，并显示处理进度，如图6-96所示。稍等片刻即可抠出人物素材，如图6-97所示。

图 6-96　显示处理进度

图 6-97　抠出人物素材

步骤 07 返回主界面，❶拖曳时间轴至起始位置，❷然后点击"特效"按钮，如图6-98所示。

步骤 08 点击"画面特效"按钮，在"动感"选项卡中选择"心跳"特效，并适当调整特效轨道的时长，如图6-99所示。

图 6-98　点击"特效"按钮

图 6-99　调整特效轨道的时长

第7章 配音配乐：增强 Vlog 的感染力

音频是 Vlog 中非常重要的元素，选择好的背景音乐或语音旁白，能够提高我们作品上热门的可能性。本章主要介绍 Vlog 音频的处理技巧，包括添加背景音乐、添加音效、提取音乐、抖音收藏、录音、音频剪辑及制作卡点 Vlog 等，有助于大家快速掌握处理音频的方法。

7.1 给 Vlog 添加音频效果的6种方法

Vlog 是一种声画结合、视听兼备的创作形式，因此音频也是很重要的元素，它是一种表现形式和艺术体裁。本节将介绍利用剪映 App 给 Vlog 添加音频效果的操作方法，以求让用户的 Vlog 作品拥有更好的视听效果。

7.1.1 给 Vlog 添加背景音乐

效果展示

剪映 App 具有非常丰富的背景音乐曲库，而且进行了十分细致的分类。用户可以根据自己的 Vlog 的内容或主题快速选择合适的背景音乐，效果如图7-1所示。

图 7-1　效果展示

下面介绍使用剪映 App 给 Vlog 添加背景音乐的具体操作方法。

步骤 01 在剪映 App 中导入一段素材，然后点击"关闭原声"按钮（见图7-2），将原声关闭。

步骤 02 点击"音频"按钮，如图7-3所示。

步骤 03 点击"音乐"按钮，如图7-4所示。

图 7-2　点击"关闭原声"按钮　　　图 7-3　点击"音频"按钮　　　图 7-4　点击"音乐"按钮

步骤 04 选择相应的音乐类型，如"纯音乐"，如图 7-5 所示。

温馨提示

大家如果听到了喜欢的音乐，可以点击☆图标，将其收藏起来，下次剪辑 Vlog 时可以在"收藏"列表中快速选择该背景音乐。

步骤 05 在音乐列表中选择合适的背景音乐进行试听，如图 7-6 所示。

步骤 06 点击"使用"按钮即可将其添加到音频轨道中，如图 7-7 所示。

图 7-5　选择"纯音乐"类型　　　图 7-6　选择背景音乐　　　图 7-7　添加背景音乐

步骤 07 ❶选择音频轨道，❷然后将时间轴拖曳至视频轨道的结束位置，❸点击"分割"按钮，如图 7-8 所示。

步骤 08 ❶选择分割后多余的音频片段，❷然后点击"删除"按钮，如图7-9所示。

图 7-8　点击"分割"按钮　　　　　　图 7-9　点击"删除"按钮

7.1.2　给Vlog添加音效

效果展示

剪映App中提供了很多有趣的音效，用户可以根据Vlog的情境来添加音效。添加音效后，Vlog的画面会更有感染力，效果如图7-10所示。

图 7-10　效果展示

下面介绍使用剪映App给Vlog添加音效的具体操作方法。

步骤 01 在剪映App中导入一段素材，然后点击"音频"按钮，如图7-11所示。

步骤 02 点击"音效"按钮，如图7-12所示。

步骤 03 ❶切换至"交通"选项卡，选择其中的音效即可进行试听，❷此处选择的是"路过的汽车"，如图7-13所示。

图 7-11　点击"音频"按钮　　图 7-12　点击"音效"按钮　　图 7-13　选择"路过的汽车"选项

步骤 04 点击"使用"按钮即可将其添加到音效轨道中，如图7-14所示。

步骤 05 ❶将时间轴拖曳至视频轨道的结束位置，然后选择音频轨道，❷点击"分割"按钮，如图7-15所示。

步骤 06 ❶选择分割后多余的音效轨道，❷点击"删除"按钮，如图7-16所示。

图 7-14　添加音效　　图 7-15　点击"分割"按钮　　图 7-16　点击"删除"按钮

7.1.3 从 Vlog 中提取音乐

　　如果大家听到了好听的背景音乐，那么可以先将对应的 Vlog 保存到手机上，然后通过剪映 App 提取 Vlog 中的背景音乐，再将其用到自己的 Vlog 中，效果如图 7-17 所示。

图 7-17　效果展示

下面介绍使用剪映 App 从 Vlog 中提取背景音乐的具体操作方法。

步骤 01　在剪映 App 中导入一段素材，然后点击"音频"按钮，如图 7-18 所示。

步骤 02　点击"提取音乐"按钮，如图 7-19 所示。

步骤 03　进入手机相册，❶选择需要提取背景音乐的视频；❷然后点击"仅导入视频的声音"按钮，如图 7-20 所示。

图 7-18　点击"音频"按钮

图 7-19　点击"提取音乐"按钮

图 7-20　点击相应按钮

步骤 04　执行操作后，❶选择音频轨道，❷然后拖曳其右侧的白色拉杆，将其时长调整为与视频时长一致，如图 7-21 所示。

步骤 05　❶选择视频轨道，❷点击"音量"按钮，如图 7-22 所示。

步骤 06　进入"音量"界面，拖曳滑块，将其音量设置为 0，如图 7-23 所示。

图 7-21　调整音频时长

图 7-22　点击"音量"按钮

图 7-23　设置音量

步骤 07　❶选择音频轨道，❷点击"音量"按钮，如图 7-24 所示。

步骤 08　进入"音量"界面，拖曳滑块，将其音量设置为 1000，如图 7-25 所示。

图 7-24　点击"音量"按钮

图 7-25　设置音量

7.1.4　使用抖音中收藏的音乐

效果展示

因为剪映App是抖音官方推出的一款手机视频剪辑软件，所以我们可以直接在剪映App中添加在抖音中收藏的背景音乐，效果如图7-26所示。

图 7-26　效果展示

下面介绍在剪映App中添加抖音中收藏的背景音乐的具体操作方法。

步骤 01　在剪映App中导入一段素材，然后点击"音频"按钮，如图7-27所示。

步骤 02　点击"抖音收藏"按钮，如图7-28所示。

图 7-27　点击"音频"按钮　　　　图 7-28　点击"抖音收藏"按钮

步骤 03　点击在抖音中收藏的背景音乐，试听所选的背景音乐，如图7-29所示。

步骤 04 确认后点击"使用"按钮，将收藏的音乐添加到音频轨道中，并调整音频的播放时长，如图 7-30 所示。

图 7-29　试听背景音乐　　　　　　　　　　图 7-30　调整音频时长

7.1.5　快速给 Vlog 录音

效果展示

语音旁白是 Vlog 中必不可少的一个元素，用户可以直接通过剪映 App 为 Vlog 录制语音旁白，还可以进行变声处理，效果如图 7-31 所示。

图 7-31　效果展示

下面介绍使用剪映 App 录制语音旁白的具体操作方法。

步骤 01 在剪映 App 中导入一个素材，然后点击"音频"按钮，如图 7-32 所示。

步骤 02 点击"录音"按钮，如图 7-33 所示。

步骤 03 进入录音界面，按住红色的录音按钮不放，即可开始录制语音旁白，如图 7-34 所示。

图 7-32 点击"音频"按钮　　　图 7-33 点击"录音"按钮　　　图 7-34 开始录音

步骤 04 录制完成后，释放录音按钮即可自动生成录音轨道，如图 7-35 所示。

步骤 05 ❶选择录音轨道，❷然后点击工具栏中的"变声"按钮，如图 7-36 所示。

步骤 06 进入"变声"界面，选择合适的音色，如"男生"，即可改变声音效果，如图 7-37 所示。

图 7-35 生成录音轨道　　　图 7-36 点击"变声"按钮　　　图 7-37 选择音色

7.1.6　复制热门背景音乐的链接

效果展示

　　除了收藏抖音中的背景音乐外，用户还可以在抖音中直接复制热门背景音乐的链接，接着在剪映App中下载，这样就无须收藏了，效果如图7-38所示。

图 7-38　效果展示

　　用户在抖音中发现喜欢的背景音乐后，可以点击"分享"按钮（ 或 ），如图7-39所示。进入分享界面后，点击"复制链接"按钮（见图7-40），复制该视频的背景音乐链接，然后在剪映App中粘贴该链接并下载即可，具体操作方法如下。

步骤 01 在剪映App中导入一段素材，点击"音频"按钮，如图7-41所示。

图 7-39　点击"分享"按钮　　　图 7-40　点击"复制链接"按钮　　　图 7-41　点击"音频"按钮

步骤 02 点击"音乐"按钮，进入"添加音乐"界面，切换至"导入音乐"选项卡，如图7-42所示。

步骤 03 ❶在文本框中粘贴复制的背景音乐链接，❷然后点击下载按钮 即可下载背景音乐，如图 7-43 所示。

步骤 04 下载完成后点击"使用"按钮，如图 7-44 所示。

图 7-42 点击"导入音乐"选项卡　　　图 7-43 点击相应按钮　　　图 7-44 点击"使用"按钮

步骤 05 执行操作后即可将背景音乐添加到音频轨道中，如图 7-45 所示。

步骤 06 对音频轨道进行剪辑，删除多余的音频轨道，使其与视频时长一致，如图 7-46 所示。

图 7-45 添加背景音乐

图 7-46 剪辑音频

 温馨提示

剪映 App 中有 3 种导入音乐的方法，分别为链接下载、提取音乐和本地音乐。在"导入音乐"选项卡中点击"提取音乐"按钮，然后点击"去提取视频中的音乐"按钮，即可提取手机中保存的 Vlog 文件的背景音乐。该方法与"提取音乐"功能的作用一致。

　　另外，在"导入音乐"选项卡中点击"本地音乐"按钮，剪映 App 会自动检测手机内存中的音乐文件。用户可以从中选择相应的音乐，然后点击"使用"按钮，这样即可使用选择的音乐文件作为 Vlog 的背景音乐。

7.2　Vlog 音频的剪辑和效果处理

　　当用户选择好 Vlog 的背景音乐后，还可以对音乐进行剪辑，包括截取音乐片段、设置淡入淡出效果，以及进行变速、变调和卡点处理等，从而制作出令人满意的音频效果。

7.2.1　Vlog 音频的剪辑处理

效果展示

　　使用剪映 App 可以非常方便地对音频进行剪辑处理，选取其中的高潮部分，让 Vlog 更能打动人心，效果如图 7-47 所示。

图 7-47　效果展示

下面介绍使用剪映 App 对音频进行剪辑处理的具体操作方法。

步骤 01 在剪映 App 中导入一段素材，并添加合适的背景音乐，如图 7-48 所示。

步骤 02 ❶选择音频轨道，❷然后按住左侧的白色拉杆并向右拖曳，如图 7-49 所示。

图 7-48　添加背景音乐

图 7-49　拖曳白色拉杆

步骤 03 按住音频轨道并将其拖曳至时间线的起始位置，如图 7-50 所示。

步骤 04 按住音频轨道右侧的白色拉杆，并向左拖曳至视频轨道的结束位置，如图 7-51 所示。

图 7-50　拖曳音频轨道

图 7-51　调整音频时长

7.2.2　Vlog 音频的淡化效果

效果展示

淡入是指背景音乐响起的时候，声音会缓缓变大；淡出则是指背景音乐即将结束的时候，声音渐渐消失。设置音频的淡入淡出效果后，Vlog 的背景音乐会变得不那么突兀，能带给观众更加舒适的视听感，效果如图7-52所示。

图 7-52　效果展示

下面介绍使用剪映App设置音频淡入淡出效果的具体操作方法。

步骤 01 在剪映App中导入一段素材，如图7-53所示。

步骤 02 ❶选择Vlog的视频轨道，❷然后点击"音频分离"按钮，如图7-54所示。

执行上述操作后，剪映App便开始分离Vlog的视频和音频，如图7-55所示。

图 7-53　导入素材　　　　图 7-54　点击"音频分离"按钮　　图 7-55　分离Vlog的视频和音频

稍等片刻即可将音频从Vlog中分离出来，并生成对应的音频轨道，如图7-56所示。

步骤 03 ❶选择音频轨道，❷然后点击"淡化"按钮，如图7-57所示。

步骤 04 进入"淡化"界面，拖曳"淡入时长"右侧的白色圆环滑块，将"淡入时长"设置为3s，如图7-58所示。

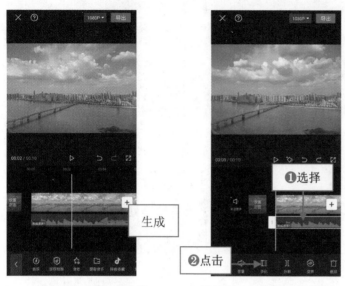

图 7-56　生成音频轨道　　　图 7-57　点击"淡化"按钮　　　图 7-58　设置"淡入时长"参数

步骤 05 拖曳"淡出时长"右侧的白色圆环滑块，将"淡出时长"设置为2s，如图7-59所示。

步骤 06 点击 ✓ 按钮完成处理，音频轨道上显示音频的前后端音量都有所下降，如图7-60所示。

图 7-59　设置"淡出时长"参数　　　　　图 7-60　前后端音量下降

7.2.3　Vlog 音频的变速处理

　　使用剪映 App 可以对音频的播放速度进行放慢或加快等处理，从而制作出特殊的背景音乐效果，如图 7-61 所示。

图 7-61　效果展示

下面介绍使用剪映 App 对音频进行变速处理的具体操作方法。

步骤 01　在剪映 App 中导入一段素材，然后选择视频轨道，如图 7-62 所示。

步骤 02　点击"音频分离"按钮，生成对应的音频轨道，如图 7-63 所示。

步骤 03　❶选择音频轨道，❷然后点击"变速"按钮，如图 7-64 所示。

图 7-62　选择 Vlog 视频轨道

图 7-63　生成音频轨道

图 7-64　点击"变速"按钮

步骤 04 进入"变速"界面，默认的音频播放倍速为1.0x，如图7-65所示。

步骤 05 ❶向左拖曳红色圆环滑块，❷即可增加音频时长，如图7-66所示。

步骤 06 ❶向右拖曳红色圆环滑块，❷即可缩短音频时长，如图7-67所示。

图 7-65　音频默认的播放速度

图 7-66　增加音频时长

图 7-67　缩短音频时长

7.2.4　Vlog 音频的变调处理

效果展示

使用剪映App的声音变调功能可以实现不同的声音效果，如奇怪的快速说话声，以及男女声音的互换等，效果如图7-68所示。

图 7-68　效果展示

下面介绍使用剪映 App 对音频进行变调处理的具体操作方法。

步骤 01 在剪映 App 中导入一段素材，并添加合适的背景音乐，如图 7-69 所示。

步骤 02 ❶选择音频轨道，❷然后点击"变速"按钮，如图 7-70 所示。

图 7-69　添加背景音乐

图 7-70　点击"变速"按钮

步骤 03 进入"变速"界面，拖曳红色圆环滑块，将音频的播放速度设置为 1.5x，如图 7-71 所示。

步骤 04 选中"声音变调"单选钮，对声音进行变调处理，如图 7-72 所示。

图 7-71　设置音频播放速度

图 7-72　选中"声音变调"单选钮

7.2.5 制作卡点 Vlog

效果展示

风格反差是一种画面非常炫酷的卡点视频。可以看到，先是温柔知性风格的人物素材由模糊变清晰，后面两段嘻哈炫酷风格的人物素材则伴随着音乐和烟雾从左上角甩入，效果如图 7-73 所示。

下面介绍使用剪映 App 制作风格反差卡点视频的操作方法。

图 7-73 效果展示

步骤 01 在剪映 App 中导入相应素材，并添加合适的背景音乐，如图 7-74 所示。

步骤 02 ❶选择音频轨道，❷然后点击"踩点"按钮，如图 7-75 所示。

步骤 03 进入"踩点"界面，❶开启"自动踩点"功能，❷然后选择"踩节拍 I"选项，生成对应的黄色节拍点，如图 7-76 所示。

图 7-74 添加背景音乐　　　图 7-75 点击"踩点"按钮　　　图 7-76 选择"踩节拍 I"选项

步骤 04 调整第 1 段素材的时长，使其对准第 3 个节拍点，如图 7-77 所示。

步骤 05 调整第 2 段素材的时长，使其对准第 4 个节拍点，如图 7-78 所示。

步骤 06 调整第 3 段素材的时长，使其对准音频轨道的结束位置，如图 7-79 所示。

图 7-77 调整第 1 段素材的时长　图 7-78 调整第 2 段素材的时长　图 7-79 调整第 3 段素材的时长

步骤 07 ❶选择第1段素材，❷然后点击"动画"按钮，如图7-80所示。

步骤 08 在"组合动画"界面中选择"旋入晃动"动画效果，如图7-81所示。

步骤 09 用同样的操作方法，为第2段素材添加"入场动画"界面中的"向右下甩入"动画效果，并调整动画时长，如图7-82所示。

图 7-80 点击"动画"按钮　图 7-81 选择"旋入晃动"动画效果　图 7-82 为第 2 段素材添加动画效果

步骤 10 用同样的操作方法，为第3段素材添加"入场动画"界面中的"向右下甩入"动画效果，如图7-83所示。

步骤 11 执行上述操作后，为第1段素材添加"模糊开幕"特效（位于"基础"选项卡中），并调整特效时长，如图 7-84 所示。

步骤 12 用同样的操作方法，为后面两段素材分别添加 "波纹色差" 特效（位于 "动感" 选项卡中）和 "梦蝶" 特效（位于 "氛围" 选项卡中），并且调整特效时长，如图 7-85 所示。

图 7-83　为第 3 段素材添加动画效果　　图 7-84　为第 1 段素材添加特效　　图 7-85　为其他素材添加特效

步骤 13 拖曳时间轴至第 2 段素材的起始位置，然后点击 "贴纸" | "添加贴纸" 按钮，❶选择合适的文字贴纸，❷然后在预览区域调整贴纸的大小和位置，如图 7-86 所示。

步骤 14 调整第 1 个文字贴纸的持续时间，使其与第 2 段素材的时长保持一致，如图 7-87 所示。

图 7-86　调整贴纸的大小和位置　　　　图 7-87　调整贴纸的持续时间

步骤 15 用同样的操作方法，为第 3 段素材也添加一个文字贴纸，并调整贴纸的持续时长，如图 7-88 所示。

步骤 16 在预览区域调整贴纸的大小和位置，如图 7-89 所示。

图 7-88　添加文字贴纸

图 7-89　调整贴纸的大小和位置

第 8 章 添加字幕：有效传递 Vlog 的感情

我们在刷 Vlog 时会发现，很多 Vlog 中都添加了字幕效果，或用于歌词，或用于语音解说。字幕可以让观众在短短几秒内就看懂视频内容，同时还有助于观众记忆发布者要表达的信息，吸引他们点赞和关注。本章笔者将介绍添加文字、花字和贴纸及识别字幕等编辑字幕效果的技巧。

8.1 Vlog 文字效果的 4 种制作方法

我们运用剪映 App 除了能够剪辑 Vlog，还可以给自己拍摄的 Vlog 添加合适的文字内容，本节将介绍具体的操作方法。

8.1.1 在 Vlog 中新建文本

效果展示

剪映 App 中提供了多种文字样式，我们并且可以根据 Vlog 主题的需要选择合适的文字样式，效果如图 8-1 所示。

图 8-1 效果展示

下面介绍使用剪映 App 添加文字的具体操作方法。

步骤 01 在剪映 App 中导入一段素材，然后点击"文字"按钮，如图 8-2 所示。

步骤 02　点击"新建文本"按钮，如图8-3所示。

步骤 03　在文本框中输入需要的文字，如图8-4所示。

图 8-2　点击"文字"按钮

图 8-3　点击"新建文本"按钮

图 8-4　输入文字

步骤 04　在预览区域中调整文字的大小和位置，如图8-5所示。

步骤 05　❶点击预览区域中的文字，❷然后切换至"样式"选项卡，❸为文字设置合适的样式，如图8-6所示。

步骤 06　点击✅按钮确认，将文字素材的持续时间调整为与视频素材一致，如图8-7所示。

图 8-5　调整文字的大小和位置

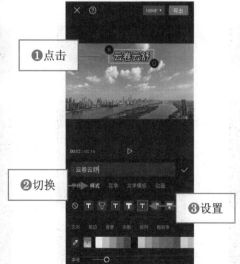

图 8-6　设置文字样式

图 8-7　调整文字素材时长

8.1.2　在 Vlog 中添加文字模板

效果展示

　　剪映 App 中提供了丰富的文字模板，能够帮助用户快速制作出精美的 Vlog 文字效果，如图 8-8 所示。

图 8-8　效果展示

下面介绍使用剪映 App 添加文字模板的具体操作方法。

步骤 01　在剪映 App 中导入一段素材，然后点击 "文字" 按钮，如图 8-9 所示。

步骤 02　点击 "文字模板" 按钮，如图 8-10 所示。

进入文字模板界面后，可以看到 "热门" "新闻" 及 "情绪" 等多种文字模板类型，如图 8-11 所示。

图 8-9　点击 "文字" 按钮　　　图 8-10　点击 "文字模板" 按钮　　　图 8-11　文字模板界面

步骤 03 ❶切换至"片头标题"选项卡，❷选择相应的文字模板，如图 8-12 所示。
执行操作后即可应用该文字模板，效果如图 8-13 所示。

步骤 04 拖曳文字轨道右侧的白色拉杆，适当调整文字模板的持续时间，如图 8-14 所示。

图 8-12　选择文字模板

图 8-13　应用文字模板的效果

图 8-14　调整文字模板的时长

8.1.3　识别 Vlog 中的字幕

效果展示

剪映 App 的识别字幕功能准确率非常高，能够帮助用户快速识别 Vlog 中的背景声音并同步添加字幕，效果如图 8-15 所示。

图 8-15　效果展示

下面介绍使用剪映 App 识别视频字幕的具体操作方法。

步骤 01 在剪映App中导入一段素材，然后点击"文字"按钮，如图8-16所示。

步骤 02 点击"识别字幕"按钮，如图8-17所示。

步骤 03 进入"识别字幕"界面，点击"开始匹配"按钮，如图8-18所示。如果不知道视频中是否存在字幕，那么可以开启"同时清空已有字幕"功能，快速清除原来的字幕。

图 8-16　点击"文字"按钮　　　图 8-17　点击"识别字幕"按钮　　　图 8-18　点击"开始匹配"按钮

执行上述操作后，剪映App便开始自动识别视频中的语音内容，如图8-19所示。稍等片刻即可自动生成对应的字幕轨道，如图8-20所示。

步骤 04 选择字幕，适当调整字幕的大小、位置和持续时长，如图8-21所示。

图 8-19　自动识别语音内容　　　图 8-20　生成字幕轨道　　　图 8-21　调整字幕效果

8.1.4 识别 Vlog 中的歌词

除了可以识别 Vlog 中的背景声音并同步添加字幕外，剪映 App 还能自动识别音频中的歌词内容，并为背景音乐添加动态歌词，效果如图 8-22 所示。

图 8-22　效果展示

下面介绍使用剪映 App 识别歌词的具体操作方法。

步骤 01 在剪映 App 中导入一段素材，然后点击"文字"按钮，如图 8-23 所示。

步骤 02 点击"识别歌词"按钮，如图 8-24 所示。

步骤 03 进入"识别歌词"界面，点击"开始匹配"按钮，如图 8-25 所示。

图 8-23　点击"文字"按钮　　图 8-24　点击"识别歌词"按钮　　图 8-25　点击"开始匹配"按钮

执行上述操作后，剪映 App 便开始自动识别视频背景音乐中的歌词内容，如图 8-26 所示。稍等片刻即可完成歌词识别，并自动生成歌词轨道，如图 8-27 所示。

步骤 04 拖曳时间轴可以查看歌词效果。如需调整，则选择歌词轨道，然后点击 "动画" 按钮，如图 8-28 所示。

图 8-26 开始识别歌词　　　　　图 8-27 生成歌词轨道　　　　　图 8-28 点击 "动画" 按钮

步骤 05 在 "动画" 选项卡中为歌词选择 "卡拉 OK" 入场动画效果，并调整动画时长，如图 8-29 所示。

步骤 06 ❶用同样的操作方法为其他歌词添加动画效果，❷并适当调整歌词的位置和文字的大小，如图 8-30 所示。

图 8-29 选择 "卡拉 OK" 动画动画效果　　　图 8-30 添加动画效果并调整歌词位置和文字大小

8.2　在 Vlog 中添加花字、气泡和贴纸

使用剪映 App 的花字、气泡和贴纸功能，能够制作出更加吸睛的 Vlog 文字效果，本节将介绍具体的操作方法。

8.2.1　给 Vlog 添加花字样式

效果展示

使用花字功能可以快速做出各种花样的字幕效果，让 Vlog 中的文字更具表现力，如图 8-31 所示。

图 8-31　效果展示

下面介绍使用剪映 App 添加花字的具体操作方法。

步骤 01 在剪映 App 中导入一段素材，然后点击工具栏中的"文字"按钮，如图 8-32 所示。

步骤 02 点击"新建文本"按钮，在文本框中输入需要的文字内容，如图 8-33 所示。

步骤 03 ❶在预览区域中适当调整文字的位置和大小，❷并调整文字轨道的出现时间和持续时长，如图 8-34 所示。

图 8-32　点击"文字"按钮　　图 8-33　输入文字

步骤 04 ❶切换至"花字"选项卡，❷在其中选择一个合适的花字样式，如图8-35 所示。

图 8-34　调整文字的位置和大小及文字轨道

图 8-35　选择花字样式

8.2.2　给Vlog添加气泡模板

效果展示

　　剪映App提供了丰富的气泡模板，用户可以将其作为Vlog的水印，展现拍摄主题或作者名字，效果如图8-36所示。

图 8-36　效果展示

下面介绍使用剪映App添加文字气泡的具体操作方法。

步骤 01　在剪映 App 中导入一段素材，❶并添加相应的文字内容，❷然后选择文字轨道，❸点击 "花字" 按钮，如图8-37所示。

步骤 02　❶切换至 "文字模板" 选项卡，❷点击 "气泡" 标签，❸选择具体的气泡模板，如图8-38所示。

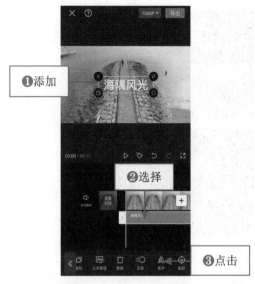

图 8-37　点击 "花字" 按钮

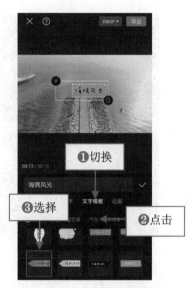

图 8-38　选择气泡模板

步骤 03　❶切换至 "花字" 选项卡，❷选择合适的花字效果，如图8-39所示。

步骤 04　在预览区域中适当调整气泡文字的大小和位置，并调整气泡的持续时长，效果如图8-40所示。

图 8-39　选择花字效果

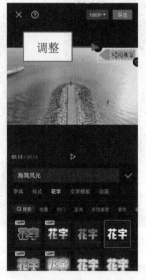

图 8-40　调整气泡文字

8.2.3　给 Vlog 添加动态贴纸

效果展示

利用剪映 App 能够直接给 Vlog 添加文字贴纸效果，让 Vlog 的画面更加精彩、有趣，更能吸引大家的目光，效果如图 8-41 所示。

图 8-41　效果展示

下面介绍使用剪映 App 添加贴纸的具体操作方法。

步骤 01　在剪映 App 中导入一段素材，然后点击"文字"按钮，如图 8-42 所示。

步骤 02　点击"添加贴纸"按钮，如图 8-43 所示。

进入添加贴纸界面，其中有非常多的贴纸模板，如图 8-44 所示。

图 8-42　点击"文字"按钮　　图 8-43　点击"添加贴纸"按钮　　图 8-44　添加贴纸界面

步骤 03　选择一个合适的贴纸，即可自动添加到视频画面中，如图 8-45 所示。

步骤 04　在预览区域调整贴纸的位置和大小，如图 8-46 所示。

步骤 05 用同样的方法添加多个贴纸，并调整各个贴纸的持续时间和出现位置，如图 8-47 所示。

图 8-45　添加贴纸

图 8-46　调整贴纸的位置和大小

图 8-47　调整贴纸的持续时间和出现位置

8.3　Vlog 的 4 种文字特效

在 Vlog 中，文字的作用非常大。精彩的文字效果可以帮助用户打造个性化的优质原创内容，从而获得更多关注、点赞和分享。

8.3.1　给 Vlog 的字幕添加入场动画效果

效果展示

"音符弹跳"入场动画是指文字出现时的动态效果，可以让Vlog中的文字变得更加动感、时尚，效果如图 8-48 所示。

图 8-48　效果展示

下面介绍使用剪映 App 添加文字入场动画效果的具体操作方法。

步骤 01 在剪映 App 中导入一段素材，然后点击"文字"按钮，如图 8-49 所示。

步骤 02 点击"识别歌词"按钮，如图 8-50 所示。

步骤 03 进入"识别歌词"界面，点击"开始匹配"按钮，剪映 App 便会自动识别视频背景音乐中的歌词内容，并自动生成歌词轨道，如图 8-51 所示。

图 8-49 点击"文字"按钮 　图 8-50 点击"识别歌词"按钮 　图 8-51 生成歌词轨道

步骤 04 选择歌词轨道后点击"动画"按钮，然后在"入场动画"选项区中选择"音符弹跳"动画效果，如图 8-52 所示。

步骤 05 拖曳蓝色的右箭头滑块，适当调整入场动画的持续时间，如图 8-53 所示。

步骤 06 点击✓按钮返回，即可添加入场动画效果，如图 8-54 所示。

图 8-52 选择"音符弹跳"动画效果 　图 8-53 调整入场动画的持续时间 　图 8-54 为歌词添加入场动画效果

步骤 07 选择其他歌词，❶在"入场动画"选项区中选择"音符弹跳"动画效果，❷并将动画持续时长调整为最长，如图8-55所示。

步骤 08 点击✔按钮返回，即可添加入场动画效果，如图8-56所示。

图 8-55　选择动画效果并调整时长

图 8-56　为歌词添加入场动画效果

8.3.2　给 Vlog 字幕添加出场动画效果

效果展示

　　出场动画是指文字消失时的动态效果，如本案例采用的是"闭幕"出场动画效果，可以模拟出电影闭幕效果，如图8-57所示。

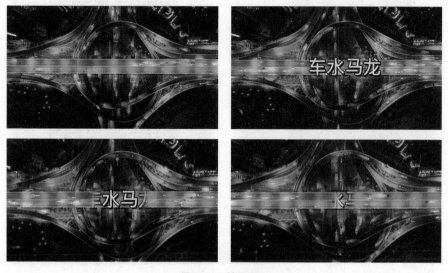

图 8-57　效果展示

下面介绍使用剪映 App 制作文字出场动画效果的操作方法。

步骤 01 在剪映 App 中导入一段素材，将时间轴拖曳至 2s 处，如图 8-58 所示。

步骤 02 点击 "文字" | "新建文本" 按钮，❶输入相应的文字内容，❷并适当调整其大小和位置，如图 8-59 所示。

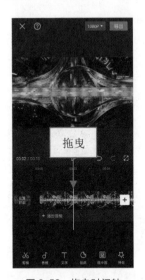

图 8-58 拖曳时间轴

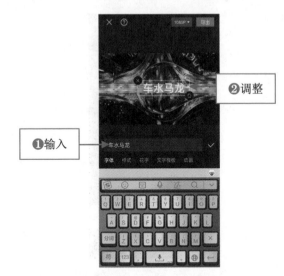

图 8-59 输入文字并调整位置

步骤 03 ❶切换至 "花字" 选项卡，❷选择相应的花字样式，如图 8-60 所示。

步骤 04 适当调整文字的持续时间，如图 8-61 所示。

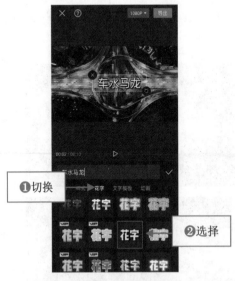

图 8-60 选择相应的花字样式

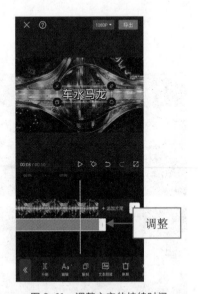

图 8-61 调整文字的持续时间

步骤 05 切换至 "动画" 选项卡，❶在 "出场动画" 选项区中选择 "闭幕" 动画效果，❷并将动画时长调整为最长，如 8-62 所示。

步骤 06 点击✅按钮返回，即可添加出场动画效果，如图 8-63 所示。

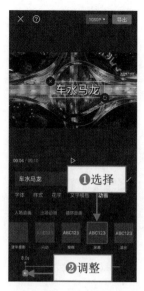

图 8-62　调整动画时长

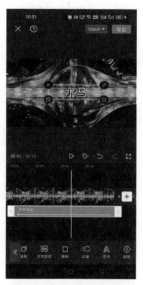

图 8-63　添加出场动画效果

8.3.3　给 Vlog 字幕添加循环动画效果

效果展示

循环动画是指在文字出现的过程中循环播放的动态效果，本案例中采用的是"波浪"循环动画，模拟出一种波浪文字的效果，如图 8-64 所示。

图 8-64　效果展示

下面介绍使用剪映 App 制作文字循环动画的操作方法。

步骤 01　在剪映 App 中导入一段视频素材，然后点击"文字"按钮，如图 8-65 所示。

步骤 02　点击"新建文本"按钮，输入相应的文字内容，如图 8-66 所示。

图 8-65　点击"文字"按钮

图 8-66　输入文字

步骤 03 ❶切换至"花字"选项卡，❷选择相应的花字样式，❸并适当调整文字的大小和位置，如图 8-67 所示。

步骤 04 适当调整文字轨道的持续时间，使其与视频轨道长度相同，如图 8-68 所示。

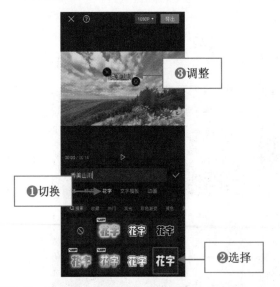

图 8-67　选择相应的花字样式并调整文字的大小和位置

图 8-68　调整文字轨道的持续时间

步骤 05 切换至"动画"选项卡，❶在"循环动画"选项区中选择"波浪"动画效果，❷并适当调整动画效果的快慢节奏，如图 8-69 所示。

步骤 06 点击✓按钮返回，即可添加循环动画效果，如图 8-70 所示。

图 8-69 调整动画的快慢节奏

图 8-70 添加循环动画效果

8.3.4 给 Vlog 字幕添加片头字幕效果

效果展示

利用剪映 App 中的文字功能和动画功能，我们可以制作出具有大片风格的片头字幕特效，效果如图 8-71 所示。

图 8-71 效果展示

下面介绍在剪映 App 中制作片头字幕的具体操作方法。

步骤 01 在剪映 App 中导入一段黑场视频素材，添加相应的文字，设置视频时长为 3s 左右，然后导出视频，如图 8-72 所示。

步骤 02 在剪映 App 中导入一段视频素材，然后点击"画中画"按钮，如图 8-73 所示。

图 8-72 制作黑场文字视频

图 8-73 点击"画中画"按钮

步骤 03 点击"新增画中画"按钮，导入步骤 01 中导出的文字视频，并调整文字视频的画面大小，如图 8-74 所示。

步骤 04 点击"混合模式"按钮，选择"正片叠底"混合模式，如图 8-75 所示。

图 8-74 导入文字视频

图 8-75 选择"正片叠底"选项

步骤 05 确认后返回上一级工具栏，点击"动画"按钮，如图 8-76 所示。

步骤 06 点击"出场动画"按钮，❶选择"向上转出 II"动画，❷并设置"动画时长"为最长，如图 8-77 所示。至此，片头字幕效果添加完毕。

图 8-76　点击"动画"按钮

图 8-77　添加动画效果

第四篇
引流吸粉篇

吸粉渠道：助力新手成为人气网红

利用Vlog平台引流的8种技巧

进行Vlog账号引流的8个平台

引流优化：吸引更多用户的注意力

通过算法机制提高内容推荐量

通过微信进行流量转化的3种方法

提高"粉丝"黏性的6个技巧

第 9 章 吸粉渠道：助力新手成为人气网红

对于短视频运营者来说，要获取可观的收益，关键在于要获得足够多的流量。那么，短视频运营者如何实现快速引流呢？本章笔者将从引流的技巧、平台内的引流方式入手，介绍如何实现用户的聚合，帮助大家快速聚集大量用户，实现 Vlog 的高效传播。

9.1 利用 Vlog 平台引流的 8 种技巧

Vlog 自媒体已经成为一个发展趋势，其影响力越来越大，用户也越来越多。Vlog 运营者怎么可能放弃这么好的流量池呢？本节将介绍利用视频平台进行引流的 8 种技巧，帮助运营者实现引流效率翻倍，每天都轻松吸粉 1000+！

9.1.1 借用热搜提高曝光度

对于运营者来说，蹭热点已经成为一项重要的技能。运营者可以利用平台的热搜寻找当下的热词，让自己的 Vlog 高度匹配这些热词，以得到更多的曝光。

下面以抖音 App 为例，介绍 4 个利用抖音热搜引流的方法。

（1）文案：视频标题文案紧扣热词，提升搜索匹配的优先级别。

（2）话题：视频话题要与热词吻合，如使用带有热词的话题。

（3）BGM：视频用的 BGM 与热词的关联度要高。

（4）命名：账号命名踩中热词，曝光概率也会大幅增加。

9.1.2 原创内容提升好感度

Vlog 的内容最好是原创，尽量不要直接搬运视频。如果运营者直接搬运视频，视频内容就不具有稀缺性和新意，那么用户浏览视频和关注账号的可能性就会降低，甚至可能会降低用户对运营者的好感度，引流效果自然也会不佳。

因此，对于有 Vlog 制作能力的运营者来说，原创引流是最好的选择。运营者可以把制作好的原创 Vlog 发布到平台上，同时在账号资料中进行引流，如在昵称、个人简介等地方都可以留下微信等联系方式。

以抖音 App 为例，在抖音官方的介绍中，抖音鼓励的视频是：场景、画面清晰；记录自己的日常生活，内容健康向上；多人类、剧情类、才艺类、心得分享、搞笑等多样化内容，不拘泥于一种风格。抖音账号的运营者制作原创 Vlog 内容时，要谨记这些原则，争取让作品获得更多推荐。

9.1.3　评论引流提高阅读量

愿意在 Vlog 平台的评论区留言的人，一般是视频平台的忠实用户，且活跃度较高，对视频内容也比较感兴趣。因此，如果运营者能把握机会，适当引流，就会取得不错的引流效果。运营者可以先编辑一些引流文案，其中带有相应的联系方式；再在视频的评论区中回复他人的评论，评论的内容直接粘贴引流文案。

笔者将评论热门作品引流分为两种，一种是运营者回复评论，另一种则是精准"粉丝"引流法。

回复评论对于引流非常重要。一条视频成为热门视频之后，会吸引许多用户的关注。此时，运营者如果在热门视频中进行评论，且评论内容对其他用户具有吸引力，那些积极评论的用户就会觉得自己的意见得到了重视。这样一来，这部分用户自然更愿意持续关注那些积极回复评论的账号，如图 9-1 所示。

除了在自己的视频评论区进行引流外，运营者还可以在同行业或同领域的热门视频的评论区中进行引流，即精准"粉丝"引流法。运营者可以到"网红大咖"或同行发布的 Vlog 评论区进行评论，主要有两种方法。

图 9-1　回复评论

（1）直接评论热门作品，特点是流量大、竞争大。

（2）评论同行的作品，特点是流量小，但是"粉丝"精准。

9.1.4　矩阵引流提高影响力

矩阵引流是指同时运营多个不同的账号，来打造一个稳定的"粉丝"流量池。道理很简单，做 1 个账号是做，做 10 个账号也是做，同时做可以为运营者带来更多的收获。打造账号矩阵一般都需要团队的支持，至少要配置 2 个主播、1 个拍摄人员、1 个后期剪辑人员和 1 个营销推广人员，从而保证账号矩阵的顺利运营。

　　矩阵引流的好处很多。首先可以全方位地展现品牌的特点，扩大影响力；其次可以形成链式传播，进行内部引流，大幅度提升 "粉丝" 的数量。

　　账号矩阵可以最大限度地降低单账号运营的风险，这和投资理财强调的 "不把鸡蛋放在同一个篮子里" 的道理是一样的。多账号一起运营，无论是在做活动方面还是在引流吸粉方面，都可以取得很好的效果。但是，在打造账号矩阵时，还有很多注意事项，如图 9-2 所示。

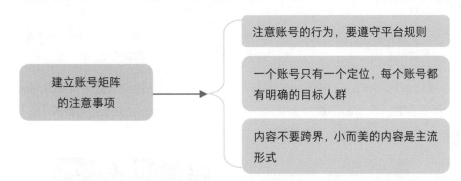

图 9-2　建立账号矩阵的注意事项

　　这里再次强调账号矩阵中各账号的定位，这一点非常重要。每个账号的角色定位不能过高或过低，更不能错位，既要保证主账号的发展，同时也要让子账号能够得到很好的成长。

9.1.5　线下实体增强联动性

　　Vlog 平台的引流是多方向的，既可以从平台或跨平台引流到 Vlog 账号，也可以将账号流量引导至其他的线上平台，还可以将账号流量引导至线下的实体店铺。

　　以抖音 App 为例，用抖音给线下店铺引流最好的方式就是开通企业号，利用 "认领 POI（Point of Interest，兴趣点）地址" 功能，在 POI 地址页展示店铺的基本信息，实现线上到线下的流量转化。当然，要想成功引流，运营者还必须持续输出优质的内容，保证稳定的更新频率，与 "粉丝" 多互动，并保证产品的质量。做到这些才可以为店铺带来长期的流量保证。

9.1.6　运用话题挑战赛引流

　　提到挑战赛引流，就不得不说抖音这个平台了。这种方式是抖音自家开发的商业化产品，抖音平台运用了 "模仿" 这一运营逻辑，实现了品牌最大化的营销诉求。

　　从平台发布的数据和在抖音上参加过挑战赛的品牌可以看出，这种引流营销模式的效果是非常显著的，那么参加挑战赛需要注意哪些规则呢？如图 9-3 所示。

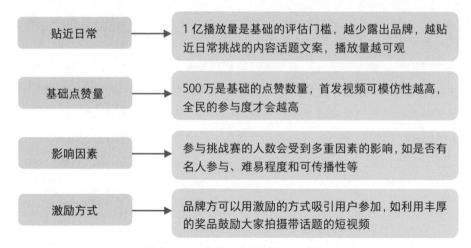

贴近日常	1 亿播放量是基础的评估门槛，越少露出品牌，越贴近日常挑战的内容话题文案，播放量越可观
基础点赞量	500 万是基础的点赞数量，首发视频可模仿性越高，全民的参与度才会越高
影响因素	参与挑战赛的人数会受到多重因素的影响，如是否有名人参与、难易程度和可传播性等
激励方式	品牌方可以用激励的方式吸引用户参加，如利用丰厚的奖品鼓励大家拍摄带话题的短视频

图 9-3　参加挑战赛需要注意的 4 点规则

图 9-4 所示为抖音发起的挑战赛页面。在"抖音热榜"界面切换至"挑战榜"选项卡，选择一项自己感兴趣的挑战赛，点击"立即参与"按钮即可。

图 9-4　抖音发起的挑战赛页面

参加抖音挑战赛，抖音的信息流会为品牌活动方提供更多的曝光机会，带去更多的流量，帮助品牌活动方吸引并沉淀"粉丝"。

9.1.7　大咖互推合作引流

互推合作引流指的是运营者在平台上寻找其他运营者一起合作，将对方的账号推给自己的"粉丝"群体，或者经常到对方的账号下面进行评论，以达到双方可以引流、"增粉"的目的，实现双赢的效果。

这里所说的互推和"互粉"引流的玩法比较类似，但是渠道不同。"互粉"主要通过社群来完成，而互推则更多的是直接在抖音平台上与其他运营者合作，来互推账号。在进行账号互推合作时，运营者还需要注意以下基本原则，这些原则还可以作为运营者选择合作对象的依据。

（1）调性原则：互推账号的"粉丝"调性要基本一致。

（2）重合度原则：互推账号的定位重合度要比较高。

（3）"粉丝"黏性原则：互推账号的"粉丝"黏性和活跃度要高。

（4）"粉丝"基础原则：互推账号要有一定的"粉丝"数量和人气。

不管是个人号还是企业号，运营者在选择要进行互推的合作账号时，还需要掌握一些账号互推的技巧。

（1）个人号互推的技巧：尽量找高质量、强信任度的个人号；从不同角度去策划互推内容，多测试；提升对方账号展示自己内容的频率。

（2）企业号互推的技巧：关注合作账号基本数据的变化，如播放量、点赞量和评论量等；找与自己内容相关的企业号，以提高用户的精准程度；互推的时候要资源平等，彼此能够获得相互的信任背书。

抖音在人们生活中出现的频率越来越高，它不仅仅是一个Vlog社交工具，也成了一个重要的商务营销平台。通过互推交换人脉资源，长久下去，互推会极大地拓宽运营者的人脉圈，而有了人脉，还怕没生意吗？

9.1.8　利用付费推广工具引流

如今各大Vlog平台针对有引流需求的运营者都提供了付费工具，如抖音的"DOU+上热门"、快手的"帮上热门"等。"DOU+上热门"是一款视频"加热"工具，可以实现将视频推荐给更多兴趣用户，提升视频的播放量与互动量，以及提升视频中带货产品的点击率。

运营者可以在抖音上打开要引流的短视频，点击"分享"按钮，然后在弹出的"分享给朋友"界面中点击"上热门"按钮，如图9-5所示。执行上述操作后即可进入"DOU+上热门"界面。

另外，运营者还可以在抖音的创作者服务中心的功能列表中点击"上热门"按钮，同样可以进入"DOU+上热门"速推版界面，如图9-6所示。

在"DOU+上热门"界面中，运营者可以选择具体的推广目标，如获得点赞评论量、粉丝量或主页浏览量等，系统会显示预计转化数并统计投放金额，确认支付即可。投放DOU+的视频必须是原创视频,内容完整度要好,视频时长要超过7秒,且没有其他App水印和非抖音站内的贴纸或特效。

图 9-5　点击"上热门"按钮

图 9-6　"DOU+上热门"速推版界面

9.2　进行Vlog账号引流的8个平台

　　除了可以利用Vlog账号所在的平台引流外,运营者还可以利用其他平台为账号引流。本节将介绍利用抖音平台、音乐平台、今日头条平台、微信平台、QQ平台、微博平台、一点资讯平台和大鱼号平台引流的方法。

9.2.1　使用抖音的分享功能引流

　　视频平台一般都有分享功能,为的是方便运营者或用户对Vlog进行分享,扩大视频的传播范围。在分享视频时,运营者需要注意视频平台的分享机制,以确保分享的Vlog能发挥其最大作用。抖音App的内容分享机制就曾进行过重大调整,拥有了更好的跨平台引流能力。

　　此前,将抖音Vlog分享到微信和QQ后,用户只能收到Vlog链接。但现在将抖音平台的作品分享到朋友圈、微信好友、QQ空间和QQ好友,抖音就会自动下载视频。下载完成后,运营者可以选择将视频发送到相应平台,如图9-7所示。运营者只需要点击对应平台的分享按钮,就可以自动跳转到相应的平台上,选择好友发送视频即可实现单条视频的分享,好友点开即可观看视频。

图 9-7　抖音的分享功能

9.2.2　利用常用的音乐平台引流

Vlog 与音乐是分不开的，因此运营者还可以借助各种音乐平台来给自己的账号引流。常用的有网易云音乐和 QQ 音乐等音乐平台。

音乐和音频的一大特点是，只要听就可以传达消息。也正是因为如此，音乐和音频平台始终有一定的受众。而对于运营者来说，如果将这些受众好好利用起来，从音乐和音频平台引流到 Vlog 账号中，便能实现账号"粉丝"的快速增长。

1. 网易云音乐

网易云音乐是一款专注于发现与分享的音乐产品，依托专业音乐人、打碟工作者（ Disc Jockey，DJ ）、好友推荐及社交功能，为用户打造全新的音乐生活。网易云音乐的目标受众是有一定音乐素养的、受教育水平较高和收入水平较高的年轻人，这和 Vlog 的目标受众重合度非常高。因此，网易云音乐成为 Vlog 引流的最佳音乐平台之一。

运营者可以利用网易云音乐的音乐社区和评论功能，对自己的账号进行宣传推广。例如，运营者可以在歌曲的评论区进行点评，并附上自己的账号信息。需要注意的是，运营者的评论一定要贴合歌曲，并且要能引起共鸣，这样引流才能成功。

2. QQ 音乐

QQ 音乐是国内比较具有影响力的音乐平台之一，许多人会将 QQ 音乐作为手机中必装的 App。"QQ 音乐排行榜"中设置了"抖快榜"。用户只需要点击进去，便可以看到抖音平台和快手平台的许多热门歌曲，如图 9-8 所示。

对于 Vlog 的背景音乐为自己原创的运营者而言，只要发布自己的原创作品，且作品在抖音上流传度比较高，其中的音乐作品就有可能在 "抖快榜" 中霸榜。而 QQ 音乐的用户听到该歌曲之后，就有可能去关注运营者的账号，这样便能为运营者带来不错的流量。

图 9-8　"抖快榜" 的相关界面

而对于大多数普通运营者来说，虽然自身可能没有独立创作音乐的能力，但可以将进入 "抖快榜" 的歌曲作为 Vlog 的背景音乐。因为有的 QQ 音乐用户在听到 "抖快榜" 中的歌曲后，可能会去 Vlog 平台搜索相关的内容。如果运营者的 Vlog 将对应的歌曲作为背景音乐，便有可能进入这些 QQ 音乐用户的视野，这样一来，运营者便可借助背景音乐获得一定的流量。

9.2.3　使用今日头条平台引流

今日头条是一款基于用户数据行为的推荐引擎产品，同时也是发布 Vlog 和变现的一个大好平台，它可以为用户提供较为精准的信息。所以，众多运营者都争着注册今日头条来推广运营自己的各类短视频内容。

大家都知道，抖音、西瓜视频和今日头条这 3 个各有特色的短视频平台，共同组成了今日头条系短视频矩阵，同时也汇聚了我国优质的短视频流量。正是基于这 3 个平台的发展状况，今日头条这一资讯平台也成为推广短视频的重要阵地。图 9-9 所示为今日头条系短视频矩阵的介绍。

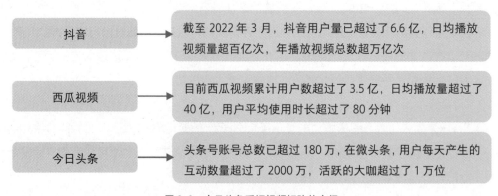

图 9-9　今日头条系短视频矩阵的介绍

在有着多个短视频入口的今日头条上推广短视频，为了提升宣传推广效果，运营者应该基于今日头条的特点掌握一定的技巧。

1. 提升推荐量

今日头条的推荐量是由智能推荐引擎机制决定的，一般含有热点的 Vlog 会优先获得推荐，且热点关注度越高、时效性越高，推荐量越强。今日头条的这种推荐机制具有十分鲜明的个性，而这种个性化推荐决定着 Vlog 的位置和播放量。因此，运营者要寻找平台上的热点和关键词，提高 Vlog 的推荐量。

（1）热点。今日头条上的热点每天都会更新，运营者可以在发布 Vlog 前查看平台热点，找出与要上传的视频相关联的热点词，然后根据热点词来撰写标题。

（2）关键词。关键词主要是用在标题上的，与热点词相比持久性更好。运营者可以在平台播放量高的 Vlog 标题中抽取命中率较高的词汇，与自己的短视频内容融合，取一个带有关键词的标题。

2. 做有品质的标题高手

今日头条的标题是影响 Vlog 推荐量和播放量的一个重要因素，一个好标题的引流效果是无可限量的。因为今日头条的"标题党"居多，所以标题除了要抓人眼球，还要表现出十足的品质感。也就是说，我们要做一个有品质的取名高手。运营者在依照平台的推广规范进行操作时，要留心观察平台上播放量高的视频的标题。

3. 严格把关视频内容

在今日头条发布的 Vlog 由机器审核和人工审核共同把关。首先，通过智能的引擎机制对内容进行关键词搜索审核；其次，平台编辑进行人工审核，确定 Vlog 值得被推荐后才会推荐审核通过的作品。先是机器把 Vlog 推荐给可能对此 Vlog 感兴趣的用户，如果点击率高，就会进一步扩大范围，把 Vlog 推荐给更多相似的用户。

另外，因为视频内容的初次审核是由机器执行的，所以运营者在用热点或关键词取标题时，尽量不要用语意不明的网络词或非常规用语，否则会增加机器理解的难度。

9.2.4　借助微信平台引流

微信是一个提供即时通信的应用程序，它是一个极大的"流量池"，截至 2022 年 6 月 30 日，微信国内版和国际版加起来的月活跃用户达 12.99 亿。运营者可以充分利用微信这一平台，包括朋友圈和公众号等，来进行吸粉引流。

1. 微信朋友圈

朋友圈这一平台，对于 Vlog 运营者来说，虽然一次传播的范围较小，但是从对接收者的影响程度来说，却具有其他平台无法比拟的优势，如图 9-10 所示。

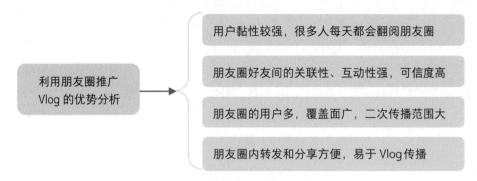

图 9-10 利用朋友圈推广 Vlog 的优势分析

那么，在朋友圈中进行视频推广，运营者应该注意什么呢？在笔者看来，有 3 个方面是需要重点关注的，具体如下。

（1）运营者在拍摄视频时要注意起始画面的美观性。因为推送到朋友圈的视频，是不能自主设置封面的，它显示的就是拍摄时的起始画面。

（2）运营者在推广视频时要做好文字描述。因为一般来说，呈现在朋友圈中的视频，好友看到的第一眼就是其"封面"，没有太多信息能让好友了解该视频内容。因此在视频之前要把重要的信息放上去。

（3）运营者推广视频时要利用好朋友圈的评论功能。朋友圈中的文本如果字数太多，是会被折叠起来的。为了完整展示信息，运营者可以将重要信息放在评论里进行展示。

2. 微信公众号

从某一方面来说，微信公众号就是个人、企业等主体进行信息发布并通过运营来提升知名度和品牌形象的平台。运营者如果要选择一个用户基数大的平台来推广 Vlog，且期待通过长期的内容积累创建自己的品牌，那么微信公众平台是一个理想的传播平台。

通过微信公众号来推广 Vlog，除了对品牌形象的构建有较大的促进作用外，还有一个非常重要的优势，那就是在微信公众号推广内容的多样性。

在微信公众号上，运营者如果想进行视频的推广，那么可以采用多种方式来实现。然而，使用得较多的有两种，即"标题＋视频"形式和"标题＋文本＋视频"形式。图 9-11 所示为使用"标题＋文本＋视频"形式的案例。

图 9-11 微信公众号推广视频案例

9.2.5　借助 QQ 平台引流

作为最早的网络通信平台，QQ 拥有强大的资源优势和底蕴，以及庞大的用户群，是 Vlog 运营者必须巩固的引流阵地。

（1）QQ 签名引流。运营者可以自由编辑或修改"签名"的内容，在其中引导 QQ 好友关注自己的 Vlog 账号。

（2）QQ 头像和昵称引流。QQ 头像和昵称是 QQ 账号的首要流量入口，运营者可以将其设置为抖音的头像和昵称，提高 Vlog 账号的曝光率。

（3）QQ 空间引流。QQ 空间是运营者可以充分利用起来进行引流的一个好地方，运营者可以在此发布 Vlog 作品。但是要注意，要将 QQ 空间权限设置为所有人可访问。如果不想有垃圾评论，也可以开启评论审核。下面为大家介绍 4 种常见的 QQ 空间推广方法，如图 9-12 所示。

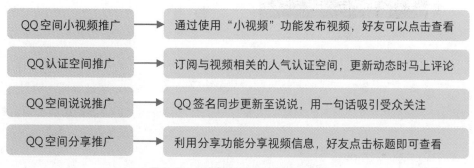

图 9-12　4 种常见的 QQ 空间推广方法

（4）QQ 群引流。运营者可以多创建和加入一些跟自身 Vlog 账号定位相关的 QQ 群，多与群友交流互动，让他们对你产生信任感，届时再发布 Vlog 作品来引流自然会水到渠成。

（5）QQ 兴趣部落引流。QQ 兴趣部落是一个基于兴趣的公开主题社区，和抖音的用户标签类似，能够帮助运营者获得更加精准的流量。运营者也可以关注 QQ 兴趣部落中的同行业达人，多评论他们的热门帖子，在其中添加自己的抖音号等相关信息，以求收集到更加精准的受众。

9.2.6　利用微博平台引流

在微博平台上，运营者进行 Vlog 推广，除了依靠微博较大的用户基数外，还依靠两大功能来实现推广目标，即"@"功能和热门话题。

首先，在进行微博推广的过程中，"@"这个功能非常重要。Vlog 账号运营者在博文里可以"@"名人、媒体和企业，如果媒体或名人回复了你的内容，你就能借助他们的"粉丝"扩大自身的影响力。若名人在你的博文下方进行了评论，你就会收到该名人的很多"粉丝"及其他微博用户的关注，那么你的视频定会被推广出去。图9-13所示为美拍通过 "@" 某博主来推广视频及吸引用户关注的案例。

图 9-13　利用微博 "@" 功能引流的案例

其次，微博热门话题是一个制造热点信息的地方，也是聚集网民数量最多的地方。运营者要利用好这些话题，推广自己的视频，发表自己的看法和感想，以提高阅读量和浏览量。

9.2.7　通过一点资讯平台引流

相较于今日头条，一点资讯平台虽然没有那么多入口供Vlog运营者进行推广，但该平台还是提供了上传和发表Vlog的途径的。

进入一点号后台首页会发现一个 "发小视频" 的选项，点进去即可上传并发布视频。

运营者发表Vlog并审核通过后，该Vlog会在一点资讯平台的 "视频" 页面中显示出来，从而让更多的人看到。

当然，在发布Vlog时要注意选准时间，比较好的时间段包括6：00—8：30、11：30—14：00和17：30以后。因为一点资讯平台的 "视频" 页面是按更新时间来展示视频的，选择这些时间段进行推广，自己发布的Vlog更容易显示在页面上方。

9.2.8　通过大鱼号平台引流

大鱼号全称UC大鱼·媒体服务平台。该平台基于UC浏览器，显著优势主要体现在打通了优酷、土豆及UC三大平台的后台。目前拥有约6亿用户，每个月大约有4亿的活跃用户，为自媒体人提供了绝佳的推文 "导粉" 条件。

运营者可以利用大鱼号本身的平台渠道对Vlog进行推广，来实现 "涨粉" 的目的。大鱼号站内的引流渠道主要有以下3个。

（1）设置关注语。运营者可以在自己的文章内容下方加入一些关注语，来提醒用户关注自己，如图9-14所示。如果用户没有在文章结尾看到这句话，可能他就不会有关注你的意识。

（2）设置欢迎语。运营者可以通过欢迎语将自己的大鱼号为用户带来的价值呈现出来，从而有效引导潜在"粉丝"关注。

（3）系列化内容。运营者可以在大鱼号中创作有联系性的系列文章或视频内容，如类似电视连续剧中的第一集、第二集等，或者是某课程的入门篇、精通篇和高级篇等，从而吸引"粉丝"持续关注你的账号。

图 9-14　在文章结尾加入关注语

第10章 引流优化：吸引更多用户的注意力

对于做视频的人来说，流量是运营者的核心竞争力，引流成了视频运营中的关键环节，运营者需要通过社交转化获取更多流量，才能让自己的 Vlog 视频内容被更多人看到和关注，最终成为拥有百万粉丝的 Vlog 博主。

10.1 通过算法机制提高内容推荐量

要想成为 Vlog 平台上的"头部大 V"，运营者首先要想办法给自己的账号或内容注入流量，让作品火爆起来，这是成为达人的一条捷径。如果运营者没有那种一夜爆火的好运气，就需要一步步脚踏实地地做好自己的视频内容。

当然，这其中也有很多运营技巧，能够帮助运营者提升 Vlog 的流量和账号的关注量，而平台的算法机制就是不容忽视的重要环节。目前，大部分的视频平台采用的是去中心化的流量分配逻辑。本节将以抖音平台为例，介绍 Vlog 的推荐算法机制，力求让运营者的 Vlog 获得更多平台流量，轻松上热门。

10.1.1 算法机制的基本内容

简单来说，算法机制就像是一套评判规则，这个规则作用于平台上的所有用户（包括运营者和观众）。用户在平台上的所有行为都会被系统记录，同时系统会根据这些行为来判断用户的性质，将用户分为优质用户、流失用户、潜在用户等类型。

例如，某个运营者在平台上发布了一个 Vlog，此时算法机制就会考量这个 Vlog 的各项数据指标，判断 Vlog 内容的优劣。如果算法机制判断该 Vlog 为优质内容，则会继续在平台上对其进行推荐，否则就不会再提供流量扶持。

如果运营者想知道抖音平台当下的流行趋势是什么，平台最喜欢推荐哪种类型的视频，那么，可以注册一个新的抖音账号，然后记录自己刷到的前 30 条视频内容，每个视频都完全看完。因为此时算法机制是无法判断运营者的喜好的，这样一来，平台就会给运营者推荐当前平台上最受欢迎的视频内容。

运营者可以根据平台的算法机制来调整自己的内容细节，让自己的内容能够最大化地迎合平台的算法机制，从而获得更多流量。

10.1.2 抖音的算法逻辑

抖音通过智能化的算法机制来分析运营者发布的内容和观众的行为，如点赞、停留、评论、转发、关注等，从而了解每个人的兴趣，并给内容和账号打上对应的标签，从而实现彼此的精准匹配。

在这种算法机制下，好的内容能够获得观众的关注，也就是获得精准的流量；而观众则可以看到自己想要看的内容，从而持续在这个平台上停留。同时，平台则获得了更多的高频用户，可以说是"一举三得"。

运营者发布到抖音平台上的 Vlog 需要经过层层审核，才能被大众看到，其背后的主要算法逻辑分为 3 个部分，如图 10-1 所示。

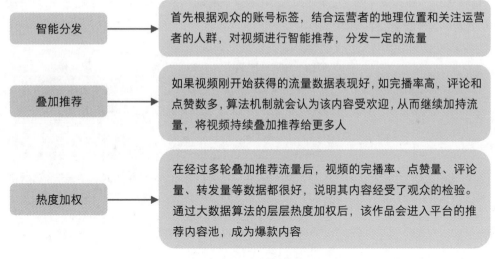

图 10-1 抖音的算法逻辑

10.1.3 流量赛马机制的流程

抖音视频的算法机制其实是一种流量赛马机制，我们可以把它看成一个漏斗模型，如图 10-2 所示。

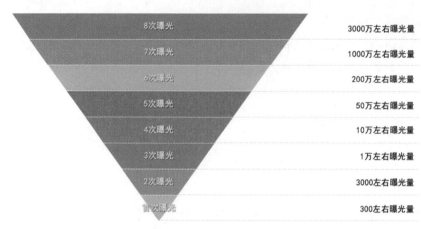

8次曝光	3000万左右曝光量
7次曝光	1000万左右曝光量
6次曝光	200万左右曝光量
5次曝光	50万左右曝光量
4次曝光	10万左右曝光量
3次曝光	1万左右曝光量
2次曝光	3000左右曝光量
首次曝光	300左右曝光量

图 10-2 赛马（漏斗）机制

运营者发布内容后，抖音首先会将同一时间发布的所有视频放到一个池子里，给予一定的基础推荐流量。然后根据这些流量的反馈情况进行数据筛选，选出分数较高的内容，将其放到下一个流量池中，而对于数据较差的内容，系统暂时就不会再推荐了。

也就是说，在抖音平台上，内容的竞争相当于赛马，平台会通过算法将差的内容淘汰。图 10-3 所示为流量赛马机制的流程。

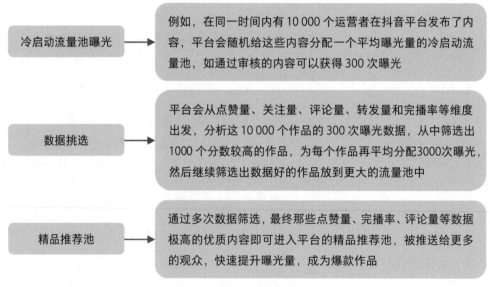

冷启动流量池曝光	例如，在同一时间内有 10 000 个运营者在抖音平台发布了内容，平台会随机给这些内容分配一个平均曝光量的冷启动流量池，如通过审核的内容可以获得 300 次曝光
数据挑选	平台会从点赞量、关注量、评论量、转发量和完播率等维度出发，分析这 10 000 个作品的 300 次曝光数据，从中筛选出 1000 个分数较高的作品，为每个作品再平均分配 3000 次曝光，然后继续筛选出数据好的作品放到更大的流量池中
精品推荐池	通过多次数据筛选，最终那些点赞量、完播率、评论量等数据极高的优质内容即可进入平台的精品推荐池，被推送给更多的观众，快速提升曝光量，成为爆款作品

图 10-3 流量赛马机制的流程

10.1.4 流量池是高曝光的关键

在抖音平台，不管运营者有多少"粉丝"，内容质量是否优质，每个人发布的内容都会进入一个流量池。当然，运营者的内容是否能够进入下一个流量池，关键在于内容在上一个流量池中的表现是否优秀。

总的来说，抖音的流量池可以分为低级、中级和高级3类。平台会依据运营者的账号权重和内容的受欢迎程度来分配流量池。也就是说，账号权重越高，发布的内容越受观众欢迎，得到的曝光量也会越多。

因此，运营者一定要把握住冷启动流量池，要想方设法让自己的内容在这个流量池中获得较好的表现。通常情况下，平台评判内容在流量池中的表现，主要参照点赞量、关注量、评论量、转发量和完播率这几个指标。

运营者发布Vlog后，可以通过自己的私域流量或付费流量来提高短视频的点赞量、关注量、评论量、转发量和完播率等指标的数据。

也就是说，运营者的账号是否能够做起来，这几个指标是关键因素。如果某个运营者连续7天发布的Vlog都没有人关注和点赞，甚至很多人看到封面后就直接划走了，那么算法系统就会判定该账号为低级号，给予的流量就会非常少。

如果某个运营者连续7天发布的视频播放量都维持在200~300之间，则算法系统会判定该账号为最低权重号，同时会将其发布的内容分配到低级流量池中。若该账号发布的内容连续30天的播放量都没有突破，则同样会被系统判定为低级号。

如果某个运营者连续7天发布的视频播放量都超过了1000，则算法系统会判定该账号为中级号或高级号，这样的账号发布的内容只要随便蹭个热点就能轻松上热门。

运营者搞懂了抖音的算法机制后，即可轻松引导平台给账号匹配优质的用户标签，让账号权重更高，从而让自己的内容分配到更多流量。

另外，停留时长也是评判内容是否有上热门潜质的关键指标。观众在某个Vlog播放界面的停留时间很长，说明这个视频能够深深吸引到他。

10.1.5 流量叠加推荐机制

在抖音平台给内容提供第一波流量后，算法机制会根据这波流量的反馈数据来判断内容的优劣。如果判定某个内容为优质内容，就会给该内容叠加分发多波流量，反之就不会继续分发流量了。

也就是说，抖音的算法系统采用的是一种叠加推荐机制。一般情况下，运营者发布作品后的前一个小时内，如果Vlog的播放量超过了5000次、点赞量超过了100个、评论量超过了10个，则算法系统会马上进行下一波推荐。图10-4所示为叠加推荐机制的基本流程。

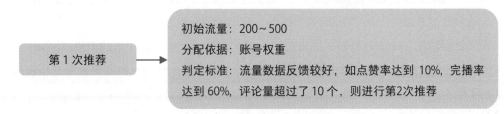

图 10-4　叠加推荐机制的基本流程

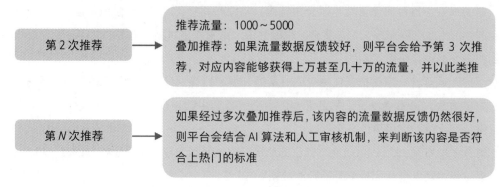

图 10-4　叠加推荐机制的基本流程（续）

对于算法机制的流量反馈情况来说，各个指标的权重是不一样的，具体为：播放量（完播率）> 点赞量 > 评论量 > 转发量。运营者的个人能力是有限的，因此当内容进入更大的流量池后，这些流量反馈指标就很难进行人工干预了。

> **温馨提示**
>
> 　　许多人可能遇到过这种情况，就是自己拍摄的原创内容没有火，但是别人翻拍的作品却火了。这其中很大一个原因就是受到了账号权重的影响。
> 　　关于账号权重，简单来讲，就是账号的优质程度，说直白点就是运营者的账号在平台心目中的位置。权重会影响内容的曝光量，低权重的账号发布的内容很难被观众看见，高权重的账号发布的内容则更容易被平台推荐。

运营者需要注意的是，千万不要为走捷径而去刷流量反馈数据。平台对于这种违规操作是明令禁止的，并且会根据情况的严重程度，相应地给予审核不通过、删除违规内容、内容不推荐、后台警示、限制上传视频、永久封禁、报警等处理。

10.2　通过微信进行流量转化的 3 种方法

运营者通过注册账号、拍摄 Vlog，在视频平台获得大量"粉丝"后，接下来就可以把这些"粉丝"导入微信。然后通过微信来引流，将视频平台上的流量沉淀到自己的私域流量池，获取源源不断的精准流量，降低流量获取成本，从而实现"粉丝"效益的最大化。

运营者要想实现长期获得精准的私域流量，就必须不断积累，将 Vlog 吸引的"粉丝"导流到微信平台上。然后把这些精准的用户"圈养"在自己的流量池中，并通过不断地导流和转化，让私域流量池中的水"活"起来，从而更好地实现变现。

需要注意的是，微信导流的前提是把 Vlog 的内容做好。只有基于好的内容才能吸引"粉丝"进来，才能让他们愿意转发分享。本节以抖音平台为例，介绍从抖音平台导流至微信的3 种常用方法。

10.2.1　设置账号简介进行导流

抖音的账号简介通常要简单明了，一句话解决，主要原则是"描述账号+引导关注"，基本设置技巧如下。

对于一句话的账号简介，前半句可以描述账号特点或功能，后半句引导关注微信，一定要明确出现关键词"关注"。对于多行文字的账号简介，一定要在多行文字的视觉中心加入"关注"两个字。

在账号简介中展现微信号是目前最常用的导流方法之一，而且修改起来也非常便捷。需要注意的是，不要在其中直接标注"微信"，可以用拼音简写、同音字或其他相关符号来代替。运营者的原创视频的播放量越大，曝光率越大，引流的效果也就会越好，如图 10-5 所示。

运营者可以在 Vlog 中体现出微信，可以由主播自己说出来，也可以通过背景展现出来，或者打上带有微信的水印。只要这个视频能够火，其中的微信号也会随之得到大量的曝光。例如，

图 10-5　在账号简介中进行引流

某个有关护肤内容的 Vlog，通过图文内容介绍了一些护肤技巧，最后展现了主播自己的微信号来实现引流。

需要注意的是，最好不要直接在 Vlog 上添加水印，否则不仅影响"粉丝"的观看体验，而且会无法通过审核，甚至会被系统封号。

10.2.2　巧妙设置抖音号进行导流

抖音号跟微信号一样，是其他人能够快速找到账号的一串独有的字符，位于个人昵称的下方。运营者可以直接将抖音号设置为自己常用的微信号。

不过这种方法有一个非常明显的弊端，那就是运营者的微信号可能会遇到好友达到上限的情况，这样就没法通过抖音号进行导流了。因此，建议运营者将抖音号设置为微信公众号，这样可以有效避免这个问题。

10.2.3　设置背景图片进行导流

背景图片的展示面积比较大，容易被人看到，因此在背景图片中设置微信号的导流效果会非常明显。但是，在背景图片中设置微信号不是特别美观，因为字体太大了会影响整体的排版，给人的观感不是特别好。所以，我们要慎重选择设置背景图片这种方法。

10.3 提高 "粉丝" 黏性的6个技巧

对于运营者来说，无论是吸粉还是提高 "粉丝" 的黏性都非常重要，而吸粉和提高 "粉丝" 的黏性又都属于 "粉丝" 运营的一部分。因此大多数运营者对于 "粉丝" 运营都比较重视。这一节笔者就通过对 "粉丝" 运营相关内容的解读，帮助各位运营者提高 "粉丝" 运营能力，更好地提高 "粉丝" 黏性。

10.3.1 提升 Vlog 流量的精准性

对于视频行业来说，流量的重要性显然是不言而喻的。很多运营者都在利用各种各样的方法为账号或作品引流，目的就是提升 "粉丝" 量，打造爆款内容。对于流量的提升，舍得花钱的可以采用付费渠道来引流，规模小的运营者则可以充分利用免费流量来提升曝光量。但有一个前提，那就是流量一定要精准，这样才能有助于后期的变现。

例如，很多运营者在抖音上拍摄段子，然后在剧情中植入商品。拍段子相对来说会比较容易吸引大家的关注，也容易产生爆款内容，能够有效触达更大的人群，但获得的往往是 "泛流量"，大家关注的更多的是内容，而不是产品。很多运营者的内容做得非常好，但转化效果却很差，通常就是流量不精准造成的。

当然，并不是说这种流量一无是处，有流量自然好过没有流量，但运营者更应该注重流量的精准度。如果一定要拍段子，就要注意场景的代入，要在段子中突出产品的需求场景及使用场景，这样的内容更符合抖音的算法机制，更容易获得更多曝光量。

10.3.2 通过树立人设打造品牌效应

许多用户之所以长期关注某个账号，就是因为该账号打造了一个吸睛的人设。由此可见，运营者如果通过账号打造了一个让用户记得住的、足够吸睛的人设，那么便更容易持续获得 "粉丝"。

通常来说，运营者可以通过两种方式打造账号人设。一种是直接将账号的人设放在账号简介中进行说明；另一种是围绕账号的人设发布相关视频，在强化账号人设的同时，借助该人设吸粉。图10-6所示为某美食视频的抖音号，我们可以看到，

图 10-6　某美食抖音号发布的视频内容

它发布的视频内容都与它"美食达人"的人设定位相关。

10.3.3　通过与大咖合拍扩大"粉丝"受众群

大咖之所以被称为大咖，就是因为他们带有一定的知名度和流量。如果运营者能发布与大咖的合拍视频，便能吸引一部分对该大咖感兴趣的 Vlog 用户，并将其中的部分用户转化为自己账号的"粉丝"。

通常来说，与大咖合拍有两种方式。一种是与大咖合作，现场拍摄一条合拍视频；另一种是通过视频平台的"拍同款"功能，借助大咖已发布的视频，让大咖与自己的内容同时出现在画面中，手动进行合拍。

10.3.4　利用平台转发扩大传播范围

每个人都有属于自己的关系网，这个网的范围很大，其中甚至包含很多没有见过面的人，比如，虽然同在某个微信群或 QQ 群，但从没见过面的人。如果运营者能够利用自己的关系网，将自己账号中已发布的视频转发给他人，那么便可以有效地扩大 Vlog 的传播范围，为账号吸粉创造更多可能性。

大部分视频平台都有分享功能，我们可以借助该功能将视频转发至微信或 QQ 等平台。微信群或 QQ 群成员如果被吸引，就很有可能登录该视频所在的平台，关注我们的账号。但是，我们要尽可能地让视频内容与分享的微信群、QQ 群中的主要关注点有所关联，这样更有利于吸粉。

10.3.5　通过互关推广来提高"粉丝"黏性

如果用户喜欢某个账号发布的内容，就有可能会关注该账号，以方便日后查看该账号发布的内容。关注只是用户表达喜爱的一种方式，大部分关注账号的视频用户，也不会要求账号运营者回关。

但是，如果用户关注了运营者的视频账号之后，运营者进行了回关，那么用户就会觉得自己得到了重视。在这种情况下，那些互关的"粉丝"就会更愿意持续关注运营者的账号，该账号的"粉丝"黏性自然也就提高了。

这种提高"粉丝"黏性的方法在运营 Vlog 账号的早期非常实用，因为账号刚创建时，"粉丝"数量可能比较少，增长速度也比较慢，但是"粉丝"流失率却可能会比较高。也正是因为如此，运营者要尽可能地与所有"粉丝"互关，让"粉丝"感受到自己被重视。

10.3.6　通过持续互动来提升"粉丝"积极性

内容方向相同的两个视频账号，其中一个账号会经常发布一些可以让用户参与的内容，而另一个账号则只顾着输出内容，不管用户的想法。这样的两个账号，用户会更愿意留在哪个账号中呢？答案是显而易见的，前者更能留住用户，毕竟大多数用户都有自己的想法，也希望将自己的想法表达出来。

基于这一点，运营者可以在打造 Vlog 的过程中，为用户提供一个表达的渠道。通过打造具有话题性的内容，提高用户的互动积极性，让用户在表达欲得到满足的同时，愿意持续关注运营者的账号。

这些发言的用户中，大部分用户会选择关注发布该视频的 Vlog 账号。而那些已经关注了该账号的用户，则会因为该账号发布的内容比较精彩，并且自己能参与进来而进行持续关注。这样一来，该运营者的账号"粉丝"黏性便得到了提高。

第五篇
运营获利篇

第 11 章 账号运营：明确 Vlog 的内容定位与发展方向

当运营者进入 Vlog 平台，开始注册账号之前，首先一定要对自己的账号进行定位，并对将要制作的内容进行定位，然后根据这个定位来策划和拍摄 Vlog，这样才能快速形成独特、鲜明的人设标签。

11.1 Vlog 账号定位解析

账号定位是指运营者要做一个什么类型的视频账号，然后通过这个账号获得什么样的"粉丝"群体，同时这个账号能为"粉丝"提供哪些价值。对于 Vlog 账号来说，需要运营者从多个方面去考虑账号定位，不能只单纯地考虑自己，或者只打广告和卖货，而忽略了给"粉丝"带去的价值，否则很难运营好账号，也难以得到"粉丝"的支持。

账号定位的核心规则为，一个账号只专注于一个垂直细分领域，只定位一类"粉丝"人群，只分享一个类型的内容。本节将介绍 Vlog 账号定位的相关方法，帮助大家做好账号定位的运营。

11.1.1 了解账号定位中最关键的问题

定位（Positioning）理论的创始人之一杰克·特劳特（Jack Trout）曾说过："所谓定位，就是令你的企业和产品与众不同，形成核心竞争力；对受众而言，即鲜明地建立品牌。"

其实，简单来说定位包括以下 3 个关键问题。

- 你是谁？
- 你要做什么事情？
- 你和别人有什么区别？

对于 Vlog 账号的定位，则需要在此基础上进行一些扩展，具体如图 11-1 所示。

图 11-1 Vlog 账号定位的关键问题及对策

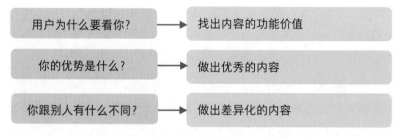

图 11-1　Vlog 账号定位的关键问题及对策（续）

以抖音为例，该平台上不仅有数亿的用户量，而且每天更新的视频数量也在百万以上，那么如何让自己发布的内容被大家看到并被大家喜欢呢？关键在于做好账号定位。账号定位的作用在于，直接决定了账号的"涨粉"速度和变现难度，同时也决定了账号的内容布局和引流效果。

11.1.2　将账号定位为首位的 5 个理由

运营者在注册 Vlog 账号时，必须将账号定位放到第一位。只有把账号定位做好了，之后的运营道路才会走得更加顺畅。图 11-2 所示为将账号定位放到第一位的 5 个理由。

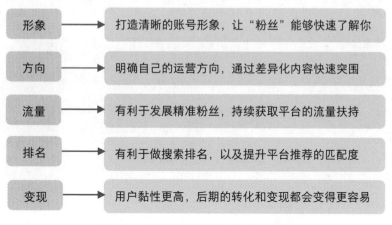

图 11-2　将账号定位放到第一位的 5 个理由

11.1.3　找准 Vlog 账号专属的标签

标签指的是 Vlog 平台给运营者的账号进行分类的指标依据，平台会根据运营者发布的内容，给其账号打上对应的标签，然后将运营者的内容推荐给对这类标签作品感兴趣的人群。在这种个性化的流量机制下，不仅提升了运营者的创作积极性，而且也提升了观众的观看体验。

例如，某个平台上有 100 个人，其中有 50 个人对旅行感兴趣，另外 50 个人不喜欢旅行类的内容。此时，如果你刚好是做旅行类内容的账号，却没有做好账号定位，平台没有给你的账号打上"旅行"这个标签，那么系统就会随机将你的内容推荐给平台上的所有人。这种情况下，你的内容被平台用户点赞和关注的概率就只有50%。而且由于点赞率过低，还会被系统认为内容不够优质，系统便不会再给你推荐流量。

相反，如果你的账号被平台打上了"旅行"的标签，系统便不再随机推荐流量，而是会把你的内容精准推荐给喜欢看旅行类内容的那50个人。这样，你的内容获得的点赞和关注数据就会非常高，从而获得系统给予的更多的推荐流量，更多人会看到你的作品，并喜欢上你的内容，还会关注你的账号。

只有做好视频的账号定位，运营者才能在"粉丝"心中形成某种特定的印象。由此可见，对于Vlog的运营者来说，账号定位非常重要。下面笔者总结了账号定位的相关技巧，如图11-3所示。

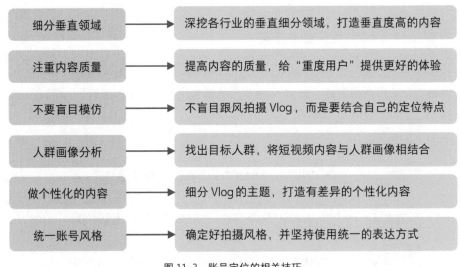

细分垂直领域	深挖各行业的垂直细分领域，打造垂直度高的内容
注重内容质量	提高内容的质量，给"重度用户"提供更好的体验
不要盲目模仿	不盲目跟风拍摄Vlog，而是要结合自己的定位特点
人群画像分析	找出目标人群，将短视频内容与人群画像相结合
做个性化的内容	细分Vlog的主题，打造有差异的个性化内容
统一账号风格	确定好拍摄风格，并坚持使用统一的表达方式

图 11-3 账号定位的相关技巧

11.1.4 进行账号定位的基本流程

很多人做Vlog其实是源于热情，看着大家都在做，自己也跟着去做，根本没有考虑过自己做这个账号的目的，到底是为了"涨粉"还是为变现。以"涨粉"为例，蹭热点是非常快的"涨粉"方式，但这样的账号变现能力就会降低。

因此，运营者需要先想清楚自己做Vlog的目的，如引流"涨粉"、推广品牌、打造IP、带货变现等。明确了账号定位的目的后，运营者即可开始做账号定位，基本流程如下。

（1）分析行业数据。在进入某个行业之前，先找出这个行业中的头部账号，看看他们是如何将账号做好的。可以使用专业的行业数据分析工具，如蝉妈妈、新抖、飞瓜数据等，找出行业的最新玩法、热点内容、热门商品和创作方向。

（2）分析自身属性。平台上的头部账号，其点赞量和"粉丝"量都非常高，他们通常拥有良好的形象、才艺和技能，普通人很难模仿。因此运营者需要从已有的条件和能力出发，找出自己擅长的领域，以保证内容的质量和更新频率。

（3）分析同类账号。深入分析同类账号的短视频题材、脚本、标题、运镜、景别、构图、评论、拍摄技巧和剪辑方法等，学习他们的优点，并找出不足之处或能够进行差异化创作的地方，以此来超越同类账号。

11.1.5　打造自身独有的 Vlog IP

从字面意思来看，IP 的英文全称是 Intellectual Property，中文大意为"知识产权"，指"权利人对其智力劳动所创作的成果和经营活动中的标记、信誉所依法享有的专有权利"。

如今，IP 不仅具有知识产权的意思，还被赋予了新的含义，常常用来指代那些有人气的东西。它可以是现实人物、书籍动漫、艺术品或体育等，也可以用来指代一切火爆的元素。图 11-4 所示为 IP 的主要特点。

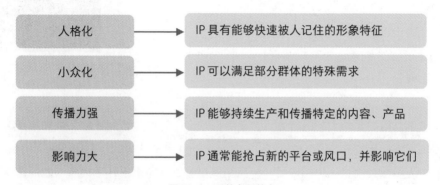

图 11-4　IP 的主要特点

在 Vlog 领域中，个人 IP 是基于账号定位形成的，而超级 IP 不仅有明确的账号定位，还能够跨界发展。对于运营者来说，在这个新媒体时代，成为 IP 并没有想象中那么难，关键是要找到将自己打造为 IP 的方法和技巧，举例如下。

（1）内容吸睛。能够带动用户的情绪共鸣，主动产生流量。例如，幽默搞笑的趣味内容可以让人放松，有用的才艺、技能可以让人模仿学习等。

（2）有辨识度。IP 需要有鲜明的人设魅力，这样"粉丝"对于 IP 的身份也会产生认同感，这样 IP 就能自带势能和流量，同时具有更加持久的生命力。

（3）有吸引力。运营者可以通过基于"人设"打造强烈的个人风格，并为 IP 注入情感价值，来引爆自己的个人品牌的影响力。

（4）提升技能。IP 不仅要起好名字，还需要打造一个让人容易记忆和产生好感的形象，同时更要不断提升自己的知识技能，并将其输出给用户。

11.1.6　找准自身 Vlog 的运营方向

当下热门的短视频 App 当数抖音和
快手，除此之外，还有 2020 年微信团队
推出的一个全新的短视频创作平台——
视频号。视频号虽然没有其他短视频
App 成立时间长，但是基于微信的活跃
量，视频号无疑有很大的发展空间，它
的推出也让一部分微信用户成了短视频
用户，如图 11-5 所示。

在笔者看来，运营者在尝试运营账
号时，首先需要做的就是视频定位。何
为视频定位？它指的是为 Vlog 运营确定
一个方向，为内容发布指明方向。那么
如何进行定位呢？笔者认为可以从 6 个
方面进行思考。

图 11-5　微信视频号

1. 从用户需求出发

通常来说，用户需求大的内容会更容易受到欢迎。因此结合用户的需求和自身专长进行
定位是一种不错的定位方法。

例如，大多数女性有化妆的习惯，但又觉得自己的化妆水平还不太高，因此这些女性通
常会对美妆类内容比较关注。在这种情
况下，运营者如果对美妆内容比较擅长，
那么将账号定位为美妆号就比较合适。

又如，有些用户比较喜欢做菜，他
们会从短视频中寻找一些新菜肴的制作
方法来学习。如果运营者自身就是厨师，
或者会做的菜肴比较多，或者特别喜欢
制作美食，就可以将账号定位为美食制作
分享账号，从而吸引喜欢做菜的用户
关注你的 Vlog 账号。

举个例子，某运营者将自己的抖音
号定位为美食制作分享类账号，并且通
过视频将一道道菜肴从选材到制作的过
程进行了全面呈现，如图 11-6 所示。因

图 11-6　美食制作分享类 Vlog

为该账号分享的视频将制作菜肴的过程进行了比较详细的展示，再加上许多菜肴是用户想要学习的，所以该账号发布的视频内容很容易获得较高的播放量和点赞量。

2. 从自身专长出发

对于自身具有专长的人来说，根据自身专长做定位是最为直接和有效的一种定位方法。运营者只需要对自己或团队成员进行分析，然后选择某个或某几个专长作为账号定位即可。

为什么要选取相关特长作为自己的定位呢？如果你今天分享视频营销内容，明天分享社群营销内容，那么关注视频营销内容的人可能会取消关注，因为你分享的社群营销内容他不喜欢，反之亦然。运营者要记住：账号定位越精准、越垂直，"粉丝"越精准，变现越轻松，获得的精准流量就越多。

例如，某运营者擅长舞蹈，并且拥有曼妙的舞姿，因此她将自己的抖音账号定位为了舞蹈作品分享类账号。在这个账号中，该运营者分享了大量的舞蹈类视频，这些作品让她快速积累了大量"粉丝"。

又如，某运营者原本是一位拥有动人嗓音的歌手，因此她将自己的抖音账号定位为了音乐作品分享类账号，她会通过该账号重点分享自己的原创歌曲和当下的一些热门歌曲。

自身专长包括的范围很广，除了唱歌、跳舞等才艺之外，还包括其他诸多方面，很会玩游戏也是自身的一种专长。例如，某运营者很喜欢下象棋，于是将自己的抖音账号定位为了象棋类账号，图 11-7 所示为其发布的抖音视频。

由此不难看出，只要运营者或其团队成员拥有某项专长，而这项专长的相关内容又比较受欢迎，那么将该专长作为账号的定位，便是一个不错的选择。

在账号的运营中，如果能够明确用户群体，做好用户定位，并针对主要的用户群体进行营销，那么账号生产的内容就会更具有针对性，进而会对主要用户群体产生更强的吸引力。

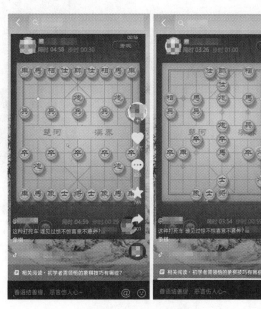

图 11-7 象棋类视频

3. 从用户数据出发

在做用户定位时，运营者可以从性别、年龄、地域分布和职业等方面分析目标用户，了解平台的用户画像和人群特征，并在此基础上制定有针对性的运营策略和精准营销方案。在了解用户画像时，我们可以适当地借助一些分析软件。

4. 从品牌特色出发

许多企业和品牌在长期的发展过程中可能已经形成了自身的特色，此时如果根据这些特色进行定位，通常会比较容易获得用户的认同。根据品牌特色做定位又可以细分为两种方法：一是以能够代表企业的卡通形象做账号定位，二是以企业或品牌的业务范围做账号定位。

5. 从内容稀缺度出发

运营者可以从Vlog平台相对稀缺的内容出发，进行账号定位。除了平台本来就稀缺之外，运营者还可以通过自身的内容展示形式，让自己的内容甚至是账号具有一定的稀缺性。

6. 从内容类型出发

内容定位就是确定账号的内容方向，并据此进行内容的生产。通常来说，运营者在做Vlog的内容定位时，只需要结合账号定位确定需要发布的内容即可。例如，抖音号"手机摄影构图大全"的账号定位是做一个手机摄影构图类账号，所以该账号发布的内容以手机摄影构图视频为主，如图11-8所示。

运营者确定了账号的内容方向之后，便可以根据该方向进行短视频内容的生产了。当然，在运营的过程中，内容生产也是有技巧的。具体来说，运营者在生产内容时可

图 11-8　"手机摄影构图大全"发布的专业构图视频

以运用图11-9所示的技巧，轻松打造持续性的优质内容。

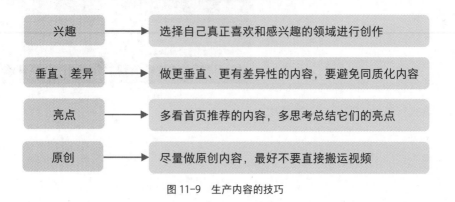

图 11-9　生产内容的技巧

11.1.7　分析平台上目标用户群的特征

下面笔者主要以用户量较大的两个视频平台——抖音和快手为例，分析这些平台上的目标用户群的特征。抖音是由上至下渗透，快手主要是"草根"群体，给底层群众提供发声的渠道。抖音刚推出时，市场上已经有很多同类短视频产品，为了避开与它们的竞争，抖音在用户群体定位上做了一定的差异化策划，选择了同类产品还没有覆盖的群体。

虽然同为短视频 App，快手和抖音的定位完全不一样。抖音的红火靠的就是马太效应——强者恒强，弱者愈弱。也就是说，在抖音上，本身流量就大的网红和名人可以通过官方支持获得更多的流量和曝光；而对于普通用户而言，获得推荐和上热门的机会就少得多。

快手的创始人曾表示："我就想做一个普通人都能平等记录的好产品。"这也是快手这个产品的核心逻辑。抖音以流量为王，快手则是即使损失一部分流量，也要让用户获得平等推荐的机会。

下面笔者主要从用户数量、年龄占比、性别占比和地域分布 4 个方面分析抖音和快手的用户定位，帮助运营者更好地做出有针对性的运营策略。

1. 用户数量

月活跃用户是衡量一款产品用户黏性的重要指标。截至 2022 年 4 月，抖音以 6.7 亿多的月活跃用户数稳居短视频 App 行业月活跃用户规模的首位，而快手以 3.9 亿多的月活跃用户数位居第二。图 11-10 所示为 2022 年 4 月中国短视频 App 月活跃用户规模。

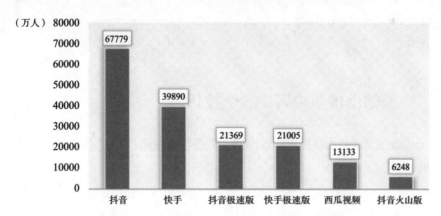

图 11-10　2022 年 4 月中国短视频 App 月活跃用户规模

（数据来源：观研数据中心整理）

2. 年龄占比

抖音和快手面向的用户都是全年龄段的，但是年轻人的占比更大，所以这两个平台的用户年龄更偏向年轻化。

3. 性别占比

图 11-11 所示为 2022 年各主流社交媒体平台的用户性别分布。从图中可以看出，使用抖音平台的男女比例较均衡，快手则是男性高于女性。

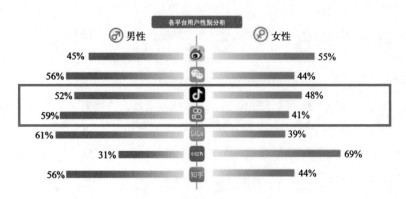

图 11-11　2022 年各主流社交媒体平台用户性别占比

（资料来源：微播易·数据驱动的 KOL 内容 & 电商整合营销平台）

4. 地域分布

抖音从一开始就将目标用户群体指向了一线、二线城市，从而避免了激烈的市场竞争，同时也占据了很大一部分的市场份额。而快手本身就起源于"草根"群体，其三线及三线以下城市的用户数量占比更高。

> 🔔 温馨提示
>
> 需要注意的是，本书借助了一些互联网数据平台的统计报告，对快手和抖音用户进行了分析，各个平台之间的数据会有所差异，但整体趋势差别不大，仅供参考。

11.2　持续输出优质内容的 5 个技巧

做 Vlog 的运营，本质上还是做内容运营。那些能够快速"涨粉"和变现的运营者，靠的都是优质的内容。

通过内容吸引到的"粉丝"，都是对运营者分享的内容感兴趣的人，这些人更加精准、更加靠谱。因此，内容是运营 Vlog 的核心所在，同时也是账号获得平台流量的核心因素。如果平台不推荐，那么你的账号和内容流量就会寥寥无几。

对于做 Vlog 运营来说，内容就是王道，而内容定位的关键就是用什么样的内容来吸引什么样的群体。本节将介绍 Vlog 的内容定位技巧，帮助运营者找到一个特定的内容形式，实现快速引流"涨粉"和变现。

11.2.1　通过痛点来吸引精准人群

在 Vlog 平台上，运营者不能简单地模仿和跟拍热门视频，而是必须找到能够带来精准人群的内容，从而获得更多的"粉丝"，这就是内容定位的要点。内容不仅直接决定了账号的定位，还决定了账号的目标人群和变现能力。因此，做内容定位时，不仅要考虑引流"涨粉"的问题，同时还要考虑持续变现的问题。

运营者在做内容定位的过程当中，要解答一个非常重要的问题——这个精准人群有哪些痛点？

1. 痛点是什么？

痛点是指短视频平台用户的核心需求，是运营者必须为他们解决的问题。对于用户的需求，运营者可以去做一些调研，最好是采用场景化的描述方法。怎样理解场景化的描述呢？就是具体的应用场景。痛点其实就是人们日常生活中的各种不便，运营者要善于发现痛点，并帮助用户解决这些痛点。

2. 挖掘痛点的意义

找到目标人群的痛点，对于运营者而言，主要有两个方面的好处，如图 11-12 所示。

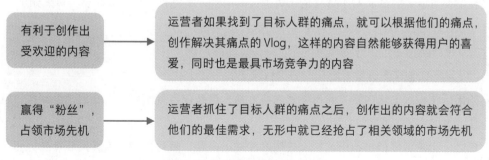

图 11-12　找到目标人群痛点的好处

对于运营者来说，要想打造爆款内容，就需要清楚自己的"粉丝"群体最想看的内容是什么，也就是抓住目标人群的痛点，然后根据他们的痛点来生产内容。

11.2.2　通过换位思考找到关注点

对于 Vlog 平台的用户来说，他们越缺什么，就会越关注什么，而运营者只需要找到他们关注的那个点并根据这个点去创作内容，这样的内容就会受到大家欢迎。只要运营者敢于在内容上下功夫，根本不愁没有"粉丝"和流量。但是，如果运营者一味地在打广告上下功夫，则可能会被用户讨厌。

在一个 Vlog 中，能戳中用户内心的点往往只有几秒钟。运营者要记住一点，就是在视频平台上"涨粉"只是一种动力，能够让自己更有信心地在这个平台上做下去，真正能够给自己带来动力的是吸引到精准"粉丝",让他们持续关注自己的内容。

不管运营者处于什么行业,只要能够换位思考,能够站在用户的角度进行内容定位,将自己的行业经验分享给大家,创作出的内容的价值就会非常大。

11.2.3 选择输出有自身特点的内容

在Vlog平台上输出内容,是一件非常简单的事情,但是要想输出有价值的内容,获得用户的认可,这就有难度了。特别是如今Vlog创作者多如牛毛,越来越多的人参与其中,那么到底如何才能输出适合的内容呢?怎样提升内容的价值呢?下面介绍具体的方法。

1. 选择合适的内容输出形式

当运营者在行业中积累了一定的经验,有了足够优质的内容之后,就可以去输出这些内容。如果你擅长写,就可以写文案;如果你的声音不错,就可以通过音频输出内容;如果你镜头感比较好,则可以拍一些真人出镜的Vlog。通过选择合适的内容输出形式,可以在比较短的时间内成为这个领域中的佼佼者。

2. 持续输出有价值的内容

在互联网时代,内容的输出方式非常多,如图文、音频、短视频、直播及中长视频等,这些我们都可以去尝试。对于持续输出有价值的内容,笔者有一些个人建议,具体如下。

(1)做好内容定位,专注于做垂直细分领域的内容。

(2)始终坚持每天创作高质量内容,并保证持续产出。

(3)发布比创作更重要,要及时将内容发送到平台上。

如果运营者只创作内容,而不输出内容,那么这些内容就不会被人看到,运营者也就没有办法通过内容来影响别人。

总之,运营者要根据自己的特点去生产和输出内容,最重要的一点就是要持续。因为只有持续输出内容,才有可能形成自己的行业地位,成为所在领域的信息专家。

11.2.4 Vlog内容定位的标准

对于Vlog的内容定位,最终是为用户服务的。要想让用户关注你,或者给你的内容点赞,那么你的内容就必须要满足他们的需求。要做到这一点,Vlog的内容定位还需要符合一定的标准,如图11-13所示。

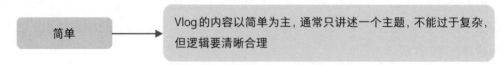

图 11-13 Vlog 内容定位的 6 个标准

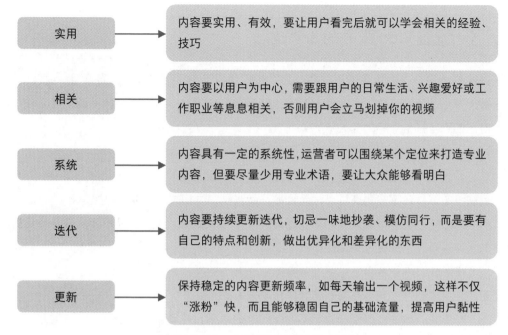

图 11-13　Vlog 内容定位的 6 个标准（续）

11.2.5　爆款视频的内容定位规则

Vlog平台上的大部分爆款内容，都是经过运营者精心策划的，而内容定位也是成就爆款内容的重要条件。运营者需要始终围绕定位来策划内容，以保证内容的方向不会产生偏差。

在进行内容定位时，运营者需要注意以下几个规则。

（1）选题有创意。选题要尽量独特、有创意，同时要建立自己的选题库和标准的工作流程，这样不仅能够提高创作的效率，还可以刺激用户持续观看的欲望。例如，运营者可以多收集一些热点加入选题库中，然后结合这些热点来创作内容。

（2）剧情有落差。视频通常需要在短时间内将大量的信息清晰地叙述出来，因此内容通常都比较紧凑。尽管如此，运营者还是要脑洞大开，在剧情上安排一些落差，来吸引用户的眼球。

（3）内容有价值。不管是哪种内容，都要尽量给用户带去价值，让用户值得付出时间成本来看完你的内容。例如，做搞笑类视频，就需要给用户带去快乐；做美食类视频，就需要让用户产生食欲，或者让他们产生实践的想法。

（4）情感有对比。可以采用一些简单的拍摄手法，来展现生活中的真情实感，同时加入一些情感的对比，这种内容很容易打动用户，带动用户的情绪。

（5）时间有把控。运营者需要合理地安排Vlog的时间节奏，不要太过冗长，因为对于之前没有关注的用户来说，太过冗长的话，对方可能很难坚持看完。

11.3 设置Vlog账号的3个技巧

各种Vlog平台上的运营者何其多，那么如何让自己的账号从众多同类账号中脱颖而出，快速被大家记住呢？其中一种方法就是通过账号信息的设置，做好平台的基础搭建工作，同时为自己的账号打上独特的个人标签。

11.3.1 账号名字要有特点

运营者的账号名字需要有特点，而且最好和账号定位相关，基本原则如下。

（1）好记忆。名字不能太长，太长的话用户不容易记忆，3~5个字即可，取一个具有辨识度的名字可以让用户更好地记住你。

（2）好理解。账号名字可以跟运营者的创作领域相关，或者能够体现运营者的身份，同时要避免使用生僻字，通俗易懂的名字更容易被大家接受。

（3）好传播。运营者的账号名字还得有一定的意义，并且易于传播，能够给人留下深刻的印象，有助于提高账号的曝光度。

> **温馨提示**
>
> 账号名字也可以体现出运营者的人设，即他人看见名字就能联想到运营者的人设。人设包括姓名、年龄、身高等人物的基本设定，以及企业、职位和成就等背景设定。

11.3.2 账号头像要有辨识度

运营者的账号头像也需要有特点，必须展现自己最美的一面，或者展现企业的良好形象。注意，领域不同，头像的侧重点也就不同。同时，好的账号头像辨识度更高，能让用户更容易地记住你的账号。

图11-14所示为"手机摄影构图大全"的抖音号头像，它使用的是由意大利著名画家达·芬奇创作的油画杰作《蒙娜丽莎》，同时加入了黄金构图线的元素，进一步点明了该账号的定位。

运营者在设置账号头像时，还需要掌握一些基本技巧，具体如下。

图11-14 "手机摄影构图大全"的抖音号头像

（1）账号头像的画面一定要清晰。

（2）个人账号可以使用自己的肖像作为头像，这样能够让大家快速记住运营者的容貌。

（3）企业账号可以使用主营产品作为头像，或者使用企业名称、Logo 等标志作为头像。

11.3.3　账号简介要简单明了

对于 Vlog 账号来说，简介通常以简单明了为主，主要原则是"描述账号+引导关注"，基本设置技巧如下。

（1）前半句描述账号的特点或功能，后半句引导关注。

（2）明确告诉用户本账号的内容领域或范畴，如图 11-15 所示。

（3）运营者可以在简介中巧妙地推荐其他账号，如图 11-16 所示。

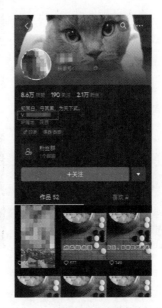

图 11-15　展示内容领域的简介示例　　　　图 11-16　推荐其他账号的简介示例

11.4　Vlog 账号运营的 4 个注意事项

在运营 Vlog 账号的过程中，有一些行为可能会受到降权的处罚。因此，大家在日常运营中特别是养号期间，一定要尽可能地避免一些不良行为。本节主要介绍 Vlog 账号运营的 4 个注意事项。

11.4.1　不要频繁更改账号信息

养号阶段最好不要频繁地更改账号的相关信息，因为这样做不但可能会让你的账号被系统判断为非正常运营，还会增加平台相关人员的工作量。

当然，一些特殊情况下，修改账号信息还是有必要的，举例如下。

● 注册账号时，为了通过审核，必须对账号的相关信息进行修改。

● 系统提示你的账号信息中存在违规信息，为了账号能够正常运营，此时就有必要根据相关要求进行相应的修改。

11.4.2 不要发布质量差的视频

养号期间平台会重新审视你的账号权重，此时最好不要随意发视频。因为如果你发的视频各项数据都不高，那么平台就会认为你的视频质量比较差，从而对你的账号进行降权处理。

在养号期间，运营者要重点发布一些优质的内容，让平台认为你是一个优质的Vlog创作者。例如，某抖音账号在刚建号的时候，发布的某一条视频点赞数达到了7.3万次，评论有9496条，这对于一个处于养号期间的账号来说已经是非常好的成绩了，如图11-17所示。

图 11-17 某抖音账号发布的优质视频

11.4.3 多刷同城推荐来提高权重

刷同城推荐，让系统记住你的位置和领域，可以为你的账号加权。养号阶段刷同城推荐是很有必要的。系统会通过你刷同城推荐来获取你的真实位置，从而判断你的账号并非用虚拟机器人进行操作的。哪怕同城上没有同领域的内容，你也要刷一刷、看一看。

11.4.4 积极与"粉丝"进行互动

有的运营者想要提高账号的活跃度，又不想花太多时间，于是选择频繁地重复某一行为。比如，有的运营者对他人的视频进行评论时，都是评论"真有意思！"。当你重复用这句话评论几十次之后，系统很有可能会认为你的账号是用机器人在操作的。因此，运营者在回复用户评论的时候需要多花点心思，用不同且有意思的内容来提升用户评论的积极性。

例如，某抖音账号的运营者在自己发布的Vlog里对每个用户的评论都给予了不同的回复，让"粉丝"觉得他在用心、认真地与大家进行交流，因此"粉丝"也会更积极地去评论和回复，如图11-18所示。

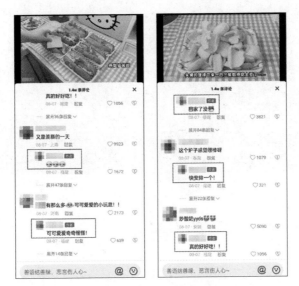

图 11-18　某抖音账号运营者的回复

第 12 章 商业变现：深度挖掘 Vlog 的价值

在运营 Vlog 之后，我们重视打造账号效果，注重吸粉引流，主要就是为了将流量进行变现，以此来获得收益。本章主要介绍 Vlog 与流量变现相结合的 5 种模式，即 "电商 / 广告 / 标签化 IP/ 知识付费 / 大咖 +Vlog" 来实现变现。

12.1 "电商 +Vlog" 变现的 2 种方法

"电商 +Vlog" 属于垂直细分内容，同时也是 Vlog 变现的有效模式。不仅有很多短视频平台与电商平台达成合作，为电商平台引流（如美拍），还有从短视频平台拓展出电商业务的成功案例，如 "一条"，这些都是 "Vlog+ 电商" 的成果。

那么，这样的变现模式到底是怎样运作的呢？本节将专门从 "电商 +Vlog" 的角度，详细介绍 Vlog 的这一垂直细分的变现秘诀。

12.1.1 通过自营商品来变现

电商与 Vlog 的结合有利于吸引庞大的流量：一方面 Vlog 适合碎片化的信息接受方式；另一方面 Vlog 展示商品更加直观、动感，更有说服力。著名的自媒体平台 "一条" 就是从短视频发家的，后面它走上了 "电商 +短视频" 的变现道路，盈利颇丰。图12-1 所示为 "一条" 的微信公众号，推送的内容包罗万象，不仅有短视频，还有关于自营商品的巧妙推荐。

图 12-1　"一条" 的微信公众号

　　"一条"不仅把商品信息嵌入了短视频内容中，还设置了"生活馆"这个板块，专门宣传自己经营的商品。图12-2所示为"一条"的自营商品界面。

　　"一条"不仅有微信公众号，还成立了"一条"电商App，里面的商品更加齐全，操作也更为方便。图12-3所示为"一条"推出的电商App。

图 12-2　"一条"的自营商品界面

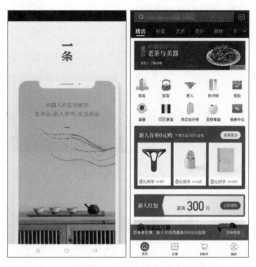

图 12-3　"一条"电商 App

12.1.2　通过第三方店铺来变现

　　Vlog的电商变现模式除了自营电商可以使用外，第三方店铺也是适用的。典型的如淘宝卖家，很多是通过发布Vlog的形式来吸引用户的注意、赢得用户的信任，从而促进店铺销量的上涨的。

　　淘宝上的Vlog展示有几种不同的形式，其中比较常见的有两种。

　　第一种是在淘宝的"逛逛"动态里用Vlog的方式展示商品，如上新、做活动等。图12-4所示为某官方旗舰店发布的视频动态，用户点进去不仅可以直接观看商品的细节，还能查看价格、评论、点赞和购买等信息。

　　第二种是淘宝首页的"猜你喜欢"板块会推荐视频。图12-5所示为设计感小众白色镂空防晒衫的商品短视频。用户通过这些视频，可以对商品进行更为直观的了解，除了看得更清楚之外，还可以查看上身的效果。同时，页面还会根据用户的喜好推荐类似的商品或短视频，用户只要点击链接即可进行购买。

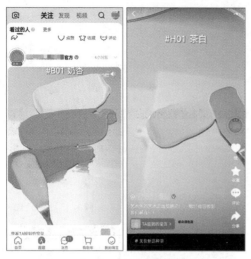

图 12-4 "逛逛"动态里的短视频展示

图 12-5 商品短视频展示

12.2 "广告 +Vlog"变现的 3 种方法

广告变现是 Vlog 盈利的常用方法，也是比较高效的一种变现模式，而且 Vlog 中的广告可以分为很多种，如冠名商广告、浮窗 Logo、贴片广告及品牌广告等。

当然，值得注意的是，并不是所有的 Vlog 都能通过广告变现，Vlog 的质量参差不齐，极大地影响了变现的效果。那么，究竟怎样的 Vlog 才能通过广告变现呢？笔者认为，一是要拥有上乘的内容质量，二是要有一定的基础人气，如此才能实现广告变现的理想效果。本节将分析如何通过 Vlog 进行广告变现。

12.2.1 巧妙使用冠名商广告

冠名商广告，顾名思义，就是节目内容中提到名称的广告，这种打广告的方式比较直接、生硬，主要的表现形式有 3 种，如图 12-6 所示。

冠名商广告的主要表现形式	片头标板：节目开始前出现"本节目由××冠名播出"
	主持人口播：每次节目开始时，主持人都会说"欢迎大家来到×× 冠名播出的××"
	片尾字幕鸣谢：出现企业名称、Logo，以及"特别鸣谢××"等文字

图 12-6 冠名商广告的主要表现形式

在 Vlog 中，冠名商广告同样比较活跃。一方面企业可以通过资深的自媒体人发布的 Vlog

打响品牌、树立形象，吸引更多忠实客户；另一方面视频平台和自媒体人可以从广告商方面得到赞助，双方成功实现变现。

12.2.2　在 Vlog 中设置浮窗 Logo

浮窗 Logo 也是广告变现形式的一种，即视频播放过程中悬挂在视频画面角落的标识，这种形式在电视节目中经常可以见到，但在 Vlog 领域应用得比较少，可能是因为广告性质过于强烈，受到相关政策的限制。

图 12-7 所示为一档节目的截图，它的右下角有一个浮窗 Logo，这档节目从开始到结束，它一直悬挂在视频的右下方，非常引人注目。即使用户被视频吸引，也不会忽略这个 Logo。由此可见，浮窗 Logo 也是一种非常有效果的广告变现方式。

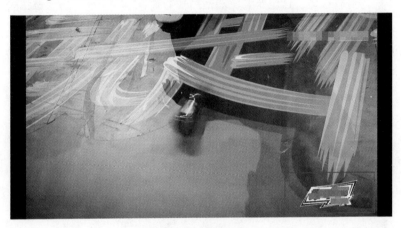

图 12-7　浮窗 Logo

浮窗 Logo 的形式虽然比较巧妙，但它也是兼具优缺点的，那么，它的优点和缺点分别是什么呢？笔者的总结如图 12-8 所示。

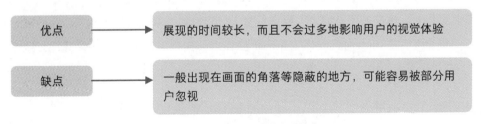

图 12-8　浮窗 Logo 的优点和缺点

12.2.3　利用直观的贴片广告

贴片广告是通过展示品牌本身来吸引大众注意的一种比较直观的广告变现方式，一般出现在 Vlog 的片头或片尾，紧贴视频内容。图 12-9 所示为贴片广告的典型案例，品牌的 Logo 一目了然。

图 12-9　贴片广告

贴片广告的优势有很多，这也是它比其他广告形式更容易受到广告主青睐的原因，其具体优势如下。

（1）明确到达：想要观看视频内容，贴片广告是"必经之路"。

（2）传递高效：和电视广告相似度高，信息传递更丰富。

（3）互动性强：由于形式生动、立体，互动性也更强。

（4）成本较低：不需要投入过多的经费，播放率较高。

（5）可抗干扰：广告与Vlog之间不会插播其他无关内容。

12.3 "标签化IP+Vlog"变现的3种方法

IP在近年来已经成为互联网领域比较流行和热门的词语。值得注意的是，Vlog也可以形成标签化的IP。所谓标签化，就是人一看到这个IP，就能联想到与之相关的显著特征。例如，《罗辑思维》就是标签化IP的领头羊，它将IP的价值发挥得淋漓尽致。

由此可见，不管是人还是物，只要它具有人气和特点，就能孵化为大IP，从而实现变现的目的。那么，对于Vlog而言，标签化的IP应该如何变现呢？这样变现又有什么特点和优势呢？

12.3.1　常规的IP变现方法

Vlog运营者的账号积累了大量"粉丝"，账号成了一个知名度比较高的IP之后，可能就会被邀请做广告代言。此时，运营者便可以通过赚取广告费的方式进行IP变现。其实，短视频平台中通过广告代言变现的IP还是比较多的，它们共同的特点就是"粉丝"数量多，知名度高。

12.3.2　通过直播间收礼物变现

随着变现方式的不断拓展深化，很多短视频平台开启了直播功能，为已经拥有较高人气的 IP 提供变现的平台，"粉丝"可以在直播过程中通过送礼物的方式与主播互动。下面我们以著名的短视频平台快手为例，看看它是如何引导用户给主播打赏、如何开启直播赞赏功能的。具体操作步骤如下。

步骤 01 进入快手首页，点击界面上方的"同城"按钮，如图 12-10 所示。

步骤 02 进入"同城"界面可以看到很多动态的左上角有"直播中"的字样，这就是直播的入口，如图 12-11 所示。

步骤 03 点击直播封面进入直播间，再点击界面右下方的礼物图标，如图 12-12 所示。

步骤 04 弹出礼物列表，❶选择具体的礼物，如"幸运魔盒"，❷然后点击"发送"按钮，如图 12-13 所示。

图 12-10　点击"同城"按钮　图 12-11　"同城"界面　图 12-12　点击礼物图标　图 12-13　发送礼物

执行上述操作后即可赠送礼物，如果余额不足，点击"充值"按钮即可。

12.3.3　签约专业的运营团队

MCN 是 Multi-Channel Network 的缩写。MCN 模式来自国外成熟的"网红"运作模式，是一种多频道网络的产品形态，基于资本的大力支持，生产专业化的内容，以保障变现的稳定性。随着 Vlog 的不断发展，用户对 Vlog 内容的审美标准也有所提升，这也要求短视频团队需要不断提升创作的专业性。

由此，MCN 模式在 Vlog 领域逐渐成为一种标签化 IP，单纯的个人创作很难形成有力的竞争优势。因此加入 MCN 机构是提升 Vlog 内容质量的不二选择，一是因为 MCN 机构可以提供丰富的资源，二是因为 MCN 机构能够帮助创作者完成一系列的相关工作。有了 MCN 机构，创作者就可以更加专注于对内容的精打细磨，而不必分心于内容的运营、变现。

目前，Vlog 创作者与 MCN 机构都是以签约模式展开合作的。而且 MCN 机构的发展不是很平衡，部分阻碍了网络红人的发展，它在未来的发展趋势主要有两种，如图 12-14 所示。

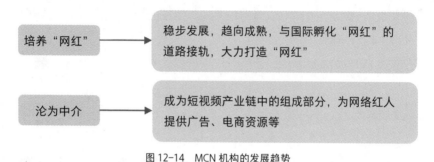

图 12-14　MCN 机构的发展趋势

12.4　"知识付费 +Vlog" 变现的 2 种方法

知识付费与短视频是近年来内容创业者比较关注的话题，同时也是 Vlog 变现的一种新思路。怎样让知识付费更加令人信服？如何让拥有较高水平的 Vlog 成功变现、持续吸粉？两者结合可能是一种新的突破，既可以让知识的价值得到体现，又可以使得 Vlog 成功变现。

从内容上来看，付费的变现形式又可以分为两种类型。一种是教学课程收费；另一种是细分专业咨询收费，如咨询摄影、运营的技巧和方法。本节将专门介绍这两种知识付费的变现模式。

12.4.1　通过教学课程进行收费

知识付费的变现形式包括教学课程收费，一是因为线上授课已经有了成功的经验，二是因为教学课程的内容更加专业，具有精准的指向性和较强的知识属性。比如，很多平台已经形成了较为成熟的视频付费模式，如腾讯课堂和沪江网校等。图 12-15 所示为腾讯课堂中的付费课程，用户需要付费才能观看其内容。

图 12-15　腾讯课堂中的付费课程

12.4.2　通过细分专业咨询进行收费

知识付费在近几年越发火热，因为它符合了移动化生产和消费的大趋势，尤其是在自媒体领域，知识付费呈现出一片欣欣向荣的景象。Vlog运营者也可以利用知识付费的模式快速变现，例如，为用户提供各种细分专业的咨询服务。

如今付费平台层出不穷，如知乎、得到及喜马拉雅FM等。值得思考的是，知识付费到底有哪些优势呢？为何这么多用户热衷于用金钱购买知识呢？笔者将知识付费的优势总结为以下3点。

（1）内容丰富：可以拓展到各个领域的知识。

（2）时间较短：制作成本低，而且不需要花费过多的精力。

（3）形式自由：包括视频、文本及声音等多种形式。

12.5　"大咖+Vlog"变现的2种方法

除了经典的电商变现、广告变现、直播变现及知识付费等短视频变现模式外，还有很多其他的大咖式变现模式，这些变现模式有的是从Vlog的经典变现模式中衍生出来的，有的则是根据Vlog的属性发展起来的。具体而言，我们可以从两个方面来分析，如版权收入、企业融资等，这些变现模式也是比较常见的，对于Vlog盈利的帮助很大。

12.5.1　通过商业合作的模式变现

商业合作模式是指运营者采用跨界商业合作的形式来变现，通过直播来帮助企业或品牌实现宣传目标。

（1）适合人群：这种变现模式适合自身运营能力强且有一定商业资源或人脉的运营者。

（2）具体做法：对于直播行业来说，进行跨界商业合作是实现商业变现的一条有效途径。对于企业来说，跨界融合可以将 Vlog 运营者的"粉丝"转化为品牌的忠实用户，让产品增值。而对于 Vlog 运营者来说，在与企业合作的过程中，可以借助他人的力量来扩大自身的影响力。

因此，我们在做个人商业模式的变现时，不需要再单打独斗，而是可以选择一种双赢的思维：跨界合作，强强联手，打开新的变现场景和商业模式。

12.5.2　通过企业融资的模式变现

短视频在近几年经历了较为迅速的发展，同时各种自媒体的火热也吸引了不少投资者的注意力。不少投资者通过融资的方式与 Vlog 博主进行合作，从而进入短视频平台发展。

融资的变现模式对创作者的要求很高，因此适用的对象比较少。但无论如何，融资也可以称得上是一种收益大、速度快的变现方式，只是发生的概率比较小。